O JOGO INTERIOR DO TÊNIS

O livro é a porta que se abre para a realização do homem.
Jair Lot Vieira

W. TIMOTHY GALLWEY

O JOGO INTERIOR DO TÊNIS

*O Guia Clássico para o Lado Mental
da Excelência no Desempenho*

TRADUÇÃO
Alexandre Sanches Camacho

Copyright da tradução e desta edição © 2022 by Edipro Edições Profissionais Ltda.

Todos os direitos reservados. Nenhuma parte deste livro poderá ser reproduzida ou transmitida de qualquer forma ou por quaisquer meios, eletrônicos ou mecânicos, incluindo fotocópia, gravação ou qualquer sistema de armazenamento e recuperação de informações, sem permissão por escrito do editor.

The Inner Game of Tennis – The Classic Guide to the Mental Side of Peak Performance
Copyright © 1974, 1977 by Timothy Gallwey
Foreword copyright © 2008 by Pete Carroll
Preface copyright © 2008 by Zach Kleinman
All rights reserved. This translation published by arrangement
with Random House, a division of Penguin Random House LLC.

Grafia conforme o novo Acordo Ortográfico da Língua Portuguesa.

2ª edição, 2022.

Editores: Jair Lot Vieira e Maíra Lot Vieira Micales
Coordenação editorial: Fernanda Godoy Tarcinalli
Produção editorial: Fernanda Rizzo Sanchez
Tradução: Alexandre Sanches Camacho
Revisão: Maria Aiko Nishijima
Editoração eletrônica: Bianca Borsato Galante
Arte da capa: Studio Mandragora
Imagem da capa: shmackyshmack/iStock/Getty Images

Dados Internacionais de Catalogação na Publicação (CIP)
(Câmara Brasileira do Livro, SP, Brasil)

Gallwey, W. Timothy

    O jogo interior do tênis : o guia clássico para o lado mental da excelência no desempenho / W. Timothy Gallwey ; tradução Alexandre Sanches Camacho. – 2. ed. – São Paulo : Edipro, 2022.

    Título original: The inner game of tennis: the classic guide to the mental of peak performance.

    ISBN 978-65-5660-093-2 (impresso)
    ISBN 978-65-5660-094-9 (e-pub)

    1. Desempenho – Aspectos psicológicos 2. Tênis 3. Tênis – Aspectos psicológicos 4. Tênis – Treinamento I. Camacho, Alexandre Sanches. II. Título.

22-122310   CDD-796.3422

Índice para catálogo sistemático:
1. Tênis : Esporte : 796.3422

Aline Graziele Benitez – Bibliotecária – CRB-1/3129

São Paulo: (11) 3107-7050 • Bauru: (14) 3234-4121
www.edipro.com.br • edipro@edipro.com.br
@editoraedipro   @editoraedipro

*Para minha mãe e meu pai, que me mostraram o Jogo,
e para Maharaji, que me mostrou o que é a Vitória.*

O que é um jogo de verdade?
É um jogo que diverte o coração
Um jogo que diverte o jogador
Um jogo que você vai ganhar
Maharaji

SUMÁRIO

PRÓLOGO — 11
por Pete Carroll, técnico de futebol do USC Trojans

PREFÁCIO — 13
por Zach Kleinman, técnico: Esporte & Vida

INTRODUÇÃO — 15

1 — 17
Reflexões sobre o lado mental do tênis

2 — 23
A descoberta dos dois Seres

3 — 29
Silenciando o Ser 1

4 — 49
A confiança do Ser 2

5   **67**
Descobrindo a técnica

6   **89**
Mudando hábitos

7   **101**
Concentração: aprendendo a ter foco

8   **123**
Os jogos que acontecem na quadra

9   **137**
O significado da competição

10   **147**
O jogo interior fora da quadra

Prólogo

Pete Carroll
Técnico de futebol do USC Trojans

A decisão do Campeonato Nacional de 2005 foi memorável para a equipe dos Trojans, da University of Southern Califórnia. Enfrentamos diversos desafios ao longo dos anos anteriores, para finalmente chegar a este tão esperado confronto. Apelidado de "Jogo do século", a líder do ranking USC enfrentaria a segunda colocada, Oklahoma, no FedEx Orange Bowl, com transmissão televisiva e público recorde. Uma grande noite para jogadores, técnicos e torcedores. Todos celebrando o futebol no maior estádio para esportes universitários.

O jogo contaria com a presença dos maiores atletas universitários do país. Embora a partida tivesse como principal atrativo os talentos individuais e a exuberância das jogadas que certamente viriam a ocorrer, uma batalha sutil estaria ocorrendo na mente de cada um dos atletas envolvidos na disputa. E esses aspectos certamente viriam a ser cruciais para o desfecho da partida.

Tim Gallwey refere-se a esses fatores mentais e suas influências como o "Jogo Interior". Os atletas devem lidar com sua mente de maneira positiva se quiserem obter um desempenho de alto nível. Treinadores e atletas de todos os níveis técnicos são confrontados com o aspecto mental de seu jogo. Eles precisam estar com a mente limpa, livre de *confusão* e adquirir a habilidade de jogar livremente.

Conheci o *Jogo Interior do Tênis* quando era um aluno de faculdade, e logo percebi os claros benefícios dos ensinamentos de Gallwey no desempenho esportivo individual. Com o tempo, me familiarizei com os benefícios da prática esportiva com a mente livre e comecei a perceber que os princípios da confiança e do foco poderiam ser aproveitados para atividades esportivas coletivas.

O Jogo Interior está intrinsecamente conectado a todas as etapas de nosso programa. A confiança necessária para jogar em alto nível por longos períodos de tempo só é desenvolvida de maneira prática pela repetição. A prática disciplinada dá ao jogador confiança em seu técnico e nele mesmo. E por meio dessa confiança ele consegue melhorar sua concentração, independente das circunstâncias ao seu redor.

Seja na preparação para uma simples partida amistosa ou para uma final de campeonato, estes princípios são os fundamentos básicos de nosso programa. Ao entender os princípios do Jogo Interior, um atleta consegue deixar sua mente livre, concentrar-se com clareza e *jogar* o jogo de verdade.

Prefácio

Zach Kleinman
Técnico: Esporte & Vida

Confio em Tim Gallwey – e em seus ensinamentos do *Jogo Interior do Tênis* – desde antes de conhecê-lo. Essa confiança surgiu em 1974, quando li este livro que está em suas mãos. Ele confirma que o caminho que sigo é verdadeiro e que posso continuar e me aprofundar nele. E é isso que faço. "A questão não está no tênis", ele me lembra. "Também não está na vitória ou na derrota; se estamos aqui para experimentar, somos livres." Ainda prefiro vencer a perder. E, depois de trinta anos, ele ainda me ajuda a manter a fé no que faço. Ele contribuiu para que eu me tornasse um instrutor do Jogo Interior. Tim trabalha com vivacidade e, como meu mentor e exemplo a ser seguido, me contagiou com essa dedicação, e hoje aprendo continuamente com ele. Eu o valorizo muito por isso: ele tem um interesse inesgotável.

Certo dia, ele demonstrou sua assertividade. Era o último dia do *workshop* do Jogo Interior para professores de tênis. Embora eu já tivesse assistido a um treinamento sobre sua filosofia havia poucos meses, foi nesse *workshop* que tive minha primeira "aula particular" (dada para cerca de trinta pessoas). Ele utilizou como tema a autoridade. "Expresse sua autoridade. Torne-se o dono de seus golpes", pediu ele. Isso me fez encontrar internamente uma nova e mais simples visão sobre a maneira de executar as jogadas. Imediatamente meu jogo e minhas aulas ganharam uma nova dimensão, não apenas do ponto de vista da autoria; tudo o que visualizava, era possível. Eu me tornei o escritor e o criador da jogada seguinte, e estendi isso para minha vida.

Em uma sexta-feira, dia 10 de dezembro de 1976, por volta das 14h30, Tim Gallwey mudou minha vida quando sugeriu intuitivamente: "Zach, vá para casa. Vá dar suas aulas e depois volte para o próximo *workshop*.".

"De forma alguma", respondi com minha recém-adquirida força e confiança. E complementei com uma convicção instintiva: "Estou aqui para ajudar, observar e aprender".

Tim sorriu.

Eu fiquei. Mas o que me fez ficar? Sinto que há uma certa magia quando estou em quadra, ensinando e aprendendo com Tim. Seu método é reflexivo, simples e provocativo. E isso me inspira como técnico, jogador e pessoa.

Desde esse marcante momento em que aprendi a expressar minha autoridade, comecei a confiar nos instintos de Tim, e sigo confiando até hoje. Ainda vivo em Los Angeles, trabalhando e expandindo o conceito do Jogo Interior por meio de clínicas – realizadas em grupos ou individualmente, em quadras de tênis, campos de golfe, estúdios de música e salas de bilhar. Continuo aprendendo, crescendo e praticando o jogo interior e exterior com Tim, quase diariamente, dentro e fora das quadras.

Introdução

Todo jogo é composto por duas partes, a exterior e a interior. O jogo exterior tem um adversário externo, obstáculos externos e um objetivo externo. Diversos livros sugerem como obter sucesso nesse tipo de jogo. Eles ensinam como se deve segurar uma raquete ou um taco, como posicionar seus braços, pernas e tronco para chegar aos melhores resultados. Por alguma razão, a maioria das pessoas acha essas instruções fáceis de memorizar, mas difíceis de executar.

A tese deste livro explica que não se pode obter sucesso ou satisfação na prática de um jogo se não se dedicar atenção às usualmente negligenciadas habilidades do Jogo Interior. Esse é o jogo que acontece na mente do jogador e tem como obstáculos a falta de concentração, o nervosismo, a insegurança e a autocondenação. Em resumo, é um desafio contra os hábitos da mente que inibem a excelência de performance.

Muitas vezes nos perguntamos por que jogamos tão bem em um determinado dia e tão mal no dia seguinte, ou por que ficamos nervosos em competições e erramos jogadas fáceis. E por que é tão difícil e demorado largar um vício de jogo e substituí-lo por uma prática melhor? Vitórias no Jogo Interior podem não ser recompensadas com troféus, mas proporcionam recompensas valiosas, que são mais permanentes e podem contribuir de maneira significativa para o sucesso de um indivíduo, tanto dentro como fora da quadra.

O praticante do Jogo Interior valoriza a arte da concentração relaxada, mais que qualquer outra habilidade; ele desenvolve uma base sólida para a autoconfiança; e aprende que o segredo para vencer qualquer jogo está em não exagerar na intensidade. Ele busca o desempenho espontâneo, que ocorre quando a mente está tranquila e parece harmonizada com o corpo, que encontra de maneira surpreendente sua própria forma de superar os limites repetidas vezes. Além disso, enquanto supera as dificuldades da competição, o praticante do Jogo Interior descobre um desejo de vencer, que ajuda a liberar sua energia e não temer a derrota.

Existe um processo natural e eficaz para aprendermos a fazer qualquer coisa, mas temos dificuldade em percebê-lo. É um processo similar ao que todos usamos – e acabamos nos esquecendo – quando aprendemos a andar e a falar. Ele utiliza as capacidades intuitivas da mente e os hemisférios esquerdo e direito do cérebro. Não é necessário aprendê-lo; nós já o conhecemos. O que precisamos é *desaprender* os hábitos que interferem nesse processo e deixar que ele *flua* naturalmente.

Descobrir e explorar o potencial contido no corpo humano é o desafio do Jogo Interior; neste livro, ele será explorado por intermédio do tênis.

REFLEXÕES SOBRE O LADO MENTAL DO TÊNIS

Os problemas que mais perturbam os jogadores de tênis não são aqueles associados à técnica do manejo da raquete. Existem livros e profissionais em abundância para tratar desse tema. As limitações físicas também são uma preocupação menor. A reclamação mais comum ouvida nos corredores e vestiários esportivos é: "O problema não é saber o que fazer, mas sim não conseguir fazer o que sei!". Outras reclamações constantemente expressadas por profissionais do tênis são:

- Jogo melhor nos treinos do que nas partidas oficiais.
- Sei exatamente o que está errado com meu forehand, mas não consigo corrigir o vício.
- Quando estou extremamente empenhado em executar um golpe da forma que o livro descreve, erro sempre. Quando me concentro em alguma instrução, esqueço de fazer outra.
- Todas as vezes que chego perto de um match-point contra um adversário de alto nível, fico nervoso e perco a concentração.
- Sou meu pior inimigo; eu mesmo me derroto.

A maioria dos atletas de qualquer modalidade enfrenta problemas iguais ou similares a esses, e costuma ser difícil encontrar uma forma de resolvê-los. O jogador normalmente depara com aforismos pouco úteis, como: "Bem, o tênis é muito psicológico, e você precisa desenvolver as atitudes mentais necessárias", ou "você precisa ser confiante e ter o desejo de vencer, caso contrário será sempre um perdedor". Mas como "ser confiante" ou desenvolver a "atitude mental necessária"? Essas perguntas costumam ficar sem resposta.

E é nessa lacuna que se deve refletir sobre como melhorar o processo mental que traduz a informação técnica de como rebater uma bola em uma ação efetiva. Como desenvolver as habilidades interiores, essenciais para a alta performance esportiva, é o tema do *Jogo Interior do Tênis*.

UMA TÍPICA AULA DE TÊNIS

Imagine o que se passa na cabeça de aluno iniciante recebendo aulas de um profissional também no início da carreira. Suponha que o aluno é um homem de negócios de meia-idade ambicionando melhorar seu *status* social. O professor se encontra junto à rede, com um grande cesto com bolas de tênis. Ele imagina que seu aluno está avaliando se sua aula vale o dinheiro investido, e comenta todas as jogadas. "Muito bom, mas você está girando a cabeça da raquete depois de rebater a bola, Sr. Weil. Coloque o peso do corpo sobre o pé da frente enquanto dá a passada em direção à bola... Agora você está demorando para reposicionar a raquete... Gire o corpo e fique mais inclinado do que desta última vez... Isso, muito melhor." Depois de pouco tempo, a cabeça do Sr. Weil estará repleta de instruções sobre o que ele deve e não deve fazer. A evolução parece agora pouco provável e muito complexa, mas tanto o aluno quanto o professor estão satisfeitos com a análise cuidadosa de cada golpe, e a aula parece valer cada centavo. O professor aconselha: "Treine isso e finalmente seu jogo vai melhorar muito.".

Confesso que já cometi tais excessos quando era um professor iniciante, mas certo dia, quando estava me sentindo à vontade e relaxado, comecei a falar menos e a prestar mais atenção. Para minha surpresa, os erros cometidos pelo aluno eram corrigidos por ele mesmo, sem que ele percebesse que os cometia, já que eu não havia dito nada. Como aquilo acontecia? Embora eu achasse a descoberta interessante, aquilo não fazia bem para meu ego, pois não conseguia visualizar como receberia os créditos pela evolução de meu aluno. E, para piorar, percebi que minhas instruções verbais algumas vezes *reduziam* a probabilidade da correção desejada.

Todos os treinadores sabem do que estou falando. Todos têm um aluno que se parece com minha aluna Dorothy. Dou uma instrução gentil e sem pressão a Dorothy, por exemplo: "Por que você não tenta levantar o braço depois de rebater a bola, iniciando o movimento na altura da cintura e terminando com o braço no nível do ombro? O efeito colocado na bola vai impedir que ela saia longa e quique fora da quadra". Obviamente Dorothy vai se esforçar para seguir minha instrução. Os músculos de seu rosto vão ficar tensos; as sobrancelhas, franzidas em determinação; os músculos do braço contraídos e a fluidez ficará impossível; o movimento do braço terminará apenas alguns centímetros mais alto do que antes. E depois disso o paciente professor vai dizer: "Foi melhor, Dorothy, mas relaxe, procure aliviar a tensão!". O conselho é bom, mas Dorothy não consegue entender como pode "relaxar" enquanto se esforça para rebater a bola corretamente.

E por que Dorothy – ou qualquer outra pessoa – experimenta esse tipo de tensão ao executar uma ação que não é fisicamente difícil? O que acontece na mente entre o momento em que a instrução é dada e o movimento do braço é executado? A primeira possível resposta a essa importante questão me ocorreu depois da aula com Dorothy: "Não sei o que se passa em sua cabeça, mas sei que é demais para ela! Ela está tão empenhada em movimentar a raquete conforme minha instrução que se esquece de visualizar a bola". E a partir daí, prometi a mim mesmo reduzir a quantidade de instruções verbais.

Minha aula seguinte naquele dia foi com um iniciante que se chamava Paul, e que nunca tinha sequer segurado uma raquete. Eu estava determinado a mostrar a ele como jogar com o mínimo de instruções possível; tentaria deixar sua mente livre de qualquer tensão para ver se o resultado seria diferente. Então comecei a aula explicando a Paul que ia tentar algo novo: eu não iria dar as instruções que geralmente passava nas aulas inaugurais, como a maneira de segurar a raquete, o movimento da rebatida e a posição dos pés para o golpe básico de forehand. Em vez disso, eu iria executar o forehand dez vezes e pedir a ele que observasse cuidadosamente, sem pensar no movimento, simplesmente tentando capturar visualmente a *imagem* de meu golpe. Ele deveria repetir a imagem em sua mente diversas vezes e depois deixar seu corpo imitá-la. Depois que repeti o golpe dez vezes, Paul se imaginou executando o mesmo movimento. Então, coloquei a raquete em sua mão, ajustando a empunhadura corretamente. Ele me disse: "Percebi que a primeira coisa que fez foi mover seu pé". Respondi com um ruído sem qualquer significado e pedi a ele que deixasse seu corpo imitar o meu forehand da melhor forma possível. Ele soltou a bola, movimentou a raquete para trás e a trouxe corretamente para a frente, mantendo a altura adequada da raquete, e com uma fluidez natural terminou o movimento com o braço nivelado ao ombro em uma primeira tentativa perfeita! Porém, ele havia esquecido de movimentar os pés. Eles estavam na mesma posição inicial, como se estivessem pregados ao chão. Eu apontei para eles, e Paul disse: "Ah, sim, eu me esqueci deles!". O único elemento do golpe que Paul tentou se lembrar, foi aquele que ele deixou de executar! Todo o resto foi absorvido e reproduzido sem a necessidade de uma única instrução sequer!

Eu estava começando a aprender o que todos os bons professores e alunos devem saber: que as imagens são melhores que as palavras, que mostrar é melhor do que falar, que muita instrução é pior do que nenhuma e que o esforço excessivo gera resultados negativos. Mas uma dúvida persistia: qual o problema em se esforçar? O que significa se *esforçar muito*?

JOGANDO LIVRE DE PENSAMENTOS

Vamos refletir sobre o que se passa na mente de um tenista que está "quente" ou "no clima certo no jogo". Estaria ele pensando em como executar cada golpe? Estaria ele pensando em alguma coisa qualquer? Veja estas frases que descrevem alguns jogadores em seus melhores momentos: "Ele está fora de sua mente"; "Ele está jogando sem pensar"; "Ele nem parece consciente"; "Ele não sabe o que está fazendo". O aspecto comum em todas essas descrições é a indicação de que alguma parte da mente não está ativa. Os atletas também usam expressões similares, e aqueles que têm alta performance sabem que suas melhores atuações nunca acontecem quando estão pensando sobre seu desempenho.

Obviamente, jogar sem pensar não significa jogar inconscientemente. Isso seria impossível! Na verdade, alguém que está jogando "fora de sua mente" está mais concentrado na bola, na quadra e, quando necessário, em seu adversário. Mas ele não está pensando em instruções, em como deve bater na bola, como corrigir os erros anteriores ou como repetir as boas jogadas. Ele está consciente, mas não está se *esforçando* para acertar. Um tenista nesse nível de concentração sabe aonde quer mandar a bola e não precisa de grande esforço para executar o golpe. Ele simplesmente acontece – e geralmente com acurácia surpreendente. O jogador parece imerso em um fluxo de ações que demanda toda a sua energia, gerando como resultado um desempenho cheio de potência e precisão. O "clima certo" persiste até o momento em que o jogador começa a refletir e a tentar manter esse ritmo; justamente no momento em que ele começa a buscar exercer o controle, ele o perde.

É simples testar essa teoria, caso você não se importe com artimanhas dissimuladas de jogo. Da próxima vez que seu adversário entrar em uma sequência boa de pontos, aproveite a troca de lado de quadra e pergunte a ele: "O que você está fazendo diferente para que seu forehand esteja tão bom hoje?". Se ele morder a isca – e a grande maioria o faz – e começar a pensar sobre sua movimentação e tentar explicar que está conseguindo bater na bola no momento certo, que seu pulso está firme e ele está finalizando o movimento com precisão, sua boa sequência chegará invariavelmente ao fim. Ele vai perder o tempo de bola e a fluidez, pois vai se concentrar no que disse e tentar repetir as instruções na sequência do jogo.

Mas é possível aprender a jogar "fora da mente" de maneira intencional? Como estar ciente da ausência de pensamento? Embora pareça ser contraditório, esse estado pode ser alcançado. Uma maneira mais apropriada de descrever o tenista que está "fora da mente" é dizer que sua mente está tão concentrada e tão focada, que chega a ficar *tranquila* e *estática*. Ela se associa ao que o corpo está fazendo, e as funções automáticas e inconscientes começam a ser executadas sem a necessidade do pensamento. A mente concentrada não tem espaço para avaliar o desempenho do corpo, e muito menos para descobrir como aquilo tudo acontece. Quando um jogador está nesse estado, não é necessária nenhuma interferência para que ele atinja a excelência em seu desempenho, aprendizado e divertimento.

Chegar a esse estado mental é o objetivo do Jogo Interior. Obviamente, será necessário desenvolver habilidades interiores. Mas é interessante notar que aprender a se concentrar e a ter autoconfiança pode ser mais valioso do que aprender a executar um potente backhand. O golpe eficaz pode ajudá-lo somente dentro da quadra, enquanto ter a capacidade de encontrar bons níveis de concentração sem grande esforço é uma aptidão valiosa para qualquer área de sua vida.

A DESCOBERTA DOS DOIS SERES

Um grande avanço em minhas tentativas de compreender a arte da concentração relaxada veio quando estava dando uma aula e percebi algo que frequentemente acontecia durante as práticas. Os tenistas têm o costume de falar com eles mesmos na quadra, e o diálogo é sempre parecido: "Vamos, Tom, rebata a bola à sua frente".

É interessante descobrir o que se passa na mente do tenista quando isso ocorre. Quem está falando, e para quem? A maioria dos tenistas fala sozinho o tempo todo. "Vá em direção à bola." "Continue jogando no backhand dele." "Mantenha os olhos na bola." "Dobre os joelhos." Os comandos são intermináveis. Para alguns, é como ter na mente uma gravação da última aula. Então, depois que o golpe é executado, outros pensamentos chegam à mente e podem ser expressos de formas interessantes: "Você é um tosco, sua mãe joga melhor do que você!". Certo dia parei para pensar nessa questão e perguntei: Quem está falando com quem? Quem está xingando? Quem é o insultado? "Estou falando comigo mesmo", dizem os jogadores. Mas, nesse caso, quem seria "eu" e quem seria "comigo mesmo"?

Não é difícil observar que o "eu" e o "comigo mesmo" são entidades separadas. Caso contrário, não haveria conversa. Então, pode-se dizer que em cada indivíduo existem dois "seres". O primeiro é o "eu", que parece dar as instruções; o outro, "comigo mesmo", parece executar as

23

ações. E, depois, o "eu" avalia a ação executada. Para facilitar, vamos chamar o "instrutor" de Ser 1 e o "executor" de Ser 2.

Agora estamos prontos para o primeiro grande postulado do Jogo Interior: o tipo de relacionamento que cada atleta tem entre seu Ser 1 e seu Ser 2 é o fator primordial na determinação de sua capacidade em traduzir técnica em ação efetiva. Em outras palavras, a chave para um bom tênis – ou para qualquer outra coisa que precise ser aprimorada – está em melhorar o relacionamento entre o instrutor consciente, Ser 1, e as capacidades naturais do Ser 2.

O RELACIONAMENTO TÍPICO ENTRE OS SERES 1 E 2

Imagine que em vez de serem partes da mesma pessoa, os Seres 1 e 2 fossem pessoas diferentes. Como poderíamos caracterizar o relacionamento entre eles? Imaginemos uma situação em que um jogador está tentando melhorar seus golpes. Ele diz: "Isso, seu burro. Mantenha a porcaria da cintura firme!". E quando a bola vem em sua direção, o Ser 1 alerta o Ser 2: "Fique firme. Fique firme. Fique firme!". Monótono? Pense em como o Ser 2 está se sentindo! Parece até que o Ser 1 acha que seu companheiro não ouve bem, ou tem memória fraca, ou é estúpido. E, na verdade, o Ser 2, que é dono da mente inconsciente e do sistema nervoso, ouve muito bem, tem ótima memória e está longe de ser estúpido. Depois de rebater a bola uma única vez, ele sempre saberá quais músculos devem ser contraídos para repetir o movimento. É sua natureza.

E o que acontece durante a execução do golpe propriamente dito? Se você olhar de perto a expressão do jogador, verá que seus músculos da face estão tensos, os lábios cerrados com força em uma expressão de extrema concentração. Mas músculos da face tensos não ajudam na execução do golpe, tampouco na concentração. Quem inicializa esse esforço? O Ser 1, é claro. Mas por quê? Ele deve dar as instruções, e não executá-las. Mas parece que ele não confia muito no Ser 2 e acaba assumindo todo o trabalho. E é nesse ponto que se encontra o cerne da questão: o Ser 1 não confia no Ser 2, mesmo que este tenha acumulado todo o potencial adquirido até aquele ponto e seja muito mais competente para controlar o sistema muscular do que o Ser 1.

Voltando ao nosso tenista, seus músculos estão tensos pelo excesso de esforço, a bola bate na raquete, uma pequena oscilação no pulso faz com que a bola saia longa e fora da quadra. "Seu grosso, nunca vai aprender a bater um backhand" reclama o Ser 1. Por pensar muito e se esforçar em excesso, o Ser 1 gerou tensão e conflito muscular no corpo. Ele é o responsável pelo erro, mas joga a culpa no Ser 2 e, por consequência, compromete a confiança que tinha nele. Como resultado, o golpe piora e a frustração aumenta.

"ESFORÇO INTENSO": UMA VIRTUDE QUESTIONÁVEL

Desde crianças ouvimos que nunca conseguiremos conquistar nada se não nos esforçarmos muito. Então o que quero dizer quando falo que alguém está se esforçando em excesso? Seria melhor se esforçar menos? Com base no conceito dos dois jogadores, veja se é possível compreender esse aparente paradoxo depois de ler o episódio a seguir.

Certo dia eu estava refletindo sobre essas questões quando uma dona de casa muito simpática e atraente veio fazer uma aula comigo. Ela reclamava dizendo que estava prestes a desistir do tênis. Desanimada, ela dizia: "Nunca tive muita coordenação, mas queria jogar o suficiente para poder fazer uma dupla mista com meu marido sem que ele sentisse que isso fosse uma obrigação". Quando perguntei a ela qual era o principal problema, ela respondeu: "Não consigo bater a bola contra as cordas da raquete; a maioria das vezes ela bate no aro".

"Vamos ver", disse eu, pegando meu cesto de bolas. Joguei para ela dez bolas na altura da cintura, próximas do corpo para que ela não precisasse correr. Para minha surpresa, oito das dez bolas bateram diretamente no aro ou entre o aro e as cordas. Apesar disso, seu movimento era bom. Fiquei intrigado. Ela não estava exagerando. Suspeitei de um problema de vista, mas ela me garantiu que não tinha nada.

Então eu disse a ela que iríamos fazer algumas experiências. Primeiramente, pedi a ela para se esforçar ao máximo para acertar a bola no centro da raquete. Eu imaginava que aquilo iria piorar a situação, comprovando minha tese sobre o excesso de esforço. Mas nem tudo sai como planejado; além do mais, não é fácil acertar oito de dez bolas no fino aro da raquete. Dessa vez, ela acertou seis bolas no aro. Depois disso, pedi a ela que mirasse o aro. E dessa vez ela acertou quatro bolas, e conseguiu boas rebatidas nas outras seis. Ela ficou surpresa, mas aproveitou a oportunidade para criticar o Ser 2, dizendo: "Ah, não consigo fazer nada que tento!". Na verdade, ela estava descobrindo um fato importante. Estava ficando claro que o método que ela utilizava não era apropriado.

Antes de iniciar a sequência seguinte, fiz um pedido a ela: "Desta vez quero que você se concentre nas costuras da bola. Não pense no contato. Na verdade, não se preocupe em bater na bola. Só deixe a raquete fazer o movimento e rebater, seja qual for a posição, e vamos ver o que acontece". Ela parecia mais relaxada e conseguiu acertar nove bolas no centro da raquete! Somente a última bola resvalou no aro. Perguntei a ela se estava pensando em algo quando fez o movimento para bater a última bola. "É claro", respondeu ela, com a voz animada, "eu estava pensando que poderia afinal me tornar uma tenista". E ela estava certa.

Minha aluna estava começando a perceber a diferença entre o esforço excessivo, que é a energia utilizada pelo Ser 1, e o esforço adequado, utilizado pelo Ser 2. Nessa última sequência, o Ser 1 estava totalmente ocupado com a observação das costuras da bola. Como resultado, o Ser 2 pôde realizar seu trabalho sem ser criticado, e o resultado foi muito positivo. E o Ser 1 começava a reconhecer o talento do Ser 2; ela estava conseguindo fazê-los trabalhar em conjunto.

O trabalho mental no tênis requer o aprendizado de algumas habilidades interiores, como: 1) ter uma clara visualização dos resultados desejados; 2) confiar no bom desempenho do Ser 2 e aprender com seus sucessos e fracassos; e 3) observar "imparcialmente" – ou seja, ver o que está acontecendo, mas não avaliar se aquilo é bom ou ruim. Esse trabalho é mais eficaz do que o esforço e a prática exaustiva. Todos os outros fundamentos são coadjuvantes em relação à principal habilidade, sem a qual nada de valor é conquistado: a arte da concentração relaxada.

O *Jogo Interior do Tênis* vai agora explorar o aprendizado dessa habilidade, utilizando o esporte como meio.

SILENCIANDO O SER 1

Chegamos agora a um ponto crucial, que é o constante pensamento ativo do Ser 1, o ego, que interfere diretamente nas habilidades naturais do Ser 2. A harmonia entre os dois seres acontece quando esse pensamento está silencioso e focado em algo. Só aí é possível atingir um desempenho de alto nível.

Quando um tenista está em "seu momento", ele não pensa em como, quando ou onde deve rebater a bola. Ele não está *tentando* acertar a bola e, depois do golpe, ele não avalia se sua jogada foi boa ou ruim. Rebater a bola é apenas parte de um processo que não demanda raciocínio. Existe uma consciência da presença da bola, da imagem e do som, e até mesmo do contexto tático do momento, mas o jogador parece *saber* o que fazer sem ter de pensar.

Veja como D. T. Suzuki, um renomado mestre zen, descreve os efeitos do ego na arquearia em seu prefácio do livro *Zen in the Art of Archery (Zen na Arte da Arquearia)*:

> Assim que refletimos, deliberamos e formamos conceitos, o estado inconsciente é perdido e o pensamento começa a interferir... A flecha sai do arco, mas não segue diretamente para o alvo, e o alvo já não está no mesmo lugar. O excesso de cálculo acaba levando ao erro...

O homem adora a reflexão, mas as grandes conquistas acontecem quando não há muito cálculo e raciocínio. É necessário voltar a agir como criança...

Talvez por esse motivo as pessoas digam que a poesia grandiosa nasce do silêncio. A boa música e a arte surgem das profundezas silenciosas do inconsciente, e o verdadeiro sentimento do amor é expresso em um campo além das palavras, gestos e pensamentos. E é assim também nos esportes; os grandes resultados aparecem quando a mente está tranquila e silenciosa.

Momentos como esses são conhecidos como "experiências de pico" na psicologia humanista do Dr. Abraham Maslow. Ao pesquisar as características comuns de pessoas que vivenciaram experiências desse tipo, ele reportou as seguintes frases descritivas: "Ele se sente mais integrado" [os dois seres unidos em um], "sente-se único com a experiência", "é relativamente sem ego" [mente tranquila], "sente-se no auge de seus poderes", "completamente funcional", "no ritmo certo", "sem se esforçar", "livre de qualquer bloqueio, inibição, cautela, medo, dúvida, controle, autocrítica ou impedimento", "ele é espontâneo e mais criativo", "é o aqui e o agora", "não precisa batalhar, não sente necessidade de algo a mais... ele apenas é".

Tente se lembrar de suas experiências de pico. É provável que você concorde que essas frases descrevem bem esses momentos. Eles também podem ser associados a uma sensação de grande prazer, ou até um êxtase. Durante essas experiências, a mente não age como uma entidade separada, dando instruções sobre o que você deve fazer e julgando o que realizou. Ela está quieta, você está "unido", e sua ação flui livremente como um rio.

Quando isso acontece na quadra, temos o foco, sem precisar de concentração. Sentimo-nos espontâneos e alertas. Temos uma segurança interior e sabemos que podemos fazer o que precisa ser feito, sem esforço excessivo. Simplesmente *sabemos* que a ação virá e, quando vier, não precisará de elogios; sentimo-nos felizes em executá-la. Como disse Suzuki, agimos como criança.

A imagem que vem à mente quando falamos em equilíbrio no movimento é a de um gato observando um pássaro. Alerta, mas sem se esforçar, ele caminha lentamente com os músculos relaxados antecedendo o bote. Ele não pensa na hora certa de saltar, nem como vai impulsionar as patas traseiras para atingir a distância desejada. Sua mente está silenciosa e concentrada na presa. Nenhum pensamento passa por sua mente, nenhuma avaliação sobre as consequências de perder o ataque. Ele só enxerga o pássaro. Quando finalmente o pássaro voa, ele salta. Em uma eficaz antecipação, ele intercepta seu jantar a poucos centímetros do chão. Uma ação inconsciente, mas executada com perfeição. Nenhum elogio. Só a recompensa resultante de sua ação: o pássaro na boca.

Em raros momentos, um tenista tem a espontaneidade inconsciente do felino. Esses momentos parecem acontecer com mais frequência quando o jogador se encontra próximo da rede, jogando com o voleio. A troca de bolas costuma ser tão rápida nesse trecho da quadra que se torna necessário agir antes de pensar. Esses momentos são emocionantes, e o tenista fica impressionado com a eficácia de suas devoluções, contra-atacando golpes extremamente difíceis. Ele tem de se movimentar rapidamente, e não tem tempo de planejar; o golpe perfeito aparece naturalmente. O fato de não planejar o ponto faz com que ele credite seu sucesso à sorte; mas depois de repetidas execuções bem-sucedidas, o tenista desenvolve um imenso senso de confiança.

Em resumo, para aumentar a eficácia, é necessário acalmar a mente. Silenciar a mente significa evitar pensar, calcular, julgar, preocupar-se, temer, ansiar, testar, arrepender-se, controlar, agitar-se ou distrair-se. A mente está tranquila quando se encontra no presente, em unidade com a ação e o executor. O objetivo do Jogo Interior é aumentar a frequência e a duração desses momentos, silenciando a mente gradualmente e proporcionando uma expansão contínua de nossa capacidade de aprender e fazer.

E a pergunta que surge neste momento é a seguinte: "Como silenciar o Ser 1 na quadra de tênis?". Como forma de experimento, peço que o leitor deixe o livro de lado por um momento e tente simplesmente parar de pensar. Veja por quanto tempo você consegue ficar com a mente livre. Um minuto? Dez segundos? É bem provável que tenha achado difícil, quase impossível, deixar a mente completamente livre. Um pensamento leva a outro, e depois a mais outro, e assim por diante.

Para a maioria das pessoas, silenciar a mente é um processo gradual que envolve o aprendizado de diversas habilidades interiores. Essas habilidades interiores tratam principalmente de se livrar de hábitos mentais que adquirimos desde nossa infância.

A primeira habilidade que se deve aprender é evitar a tendência que temos de julgar nosso desempenho como bom ou ruim. Esquecer esse processo de avaliação é muito importante para o Jogo Interior; e a explicação disso virá no decorrer deste capítulo. Quando *deixamos* de ser autocríticos, abrimos caminho para um jogo espontâneo e focado.

LIVRE-SE DOS JULGAMENTOS

Para ver um processo de julgamento acontecer, basta acompanhar uma partida ou uma aula de tênis. Observe atentamente o tenista e perceba que suas expressões revelam os pensamentos passando por sua mente. A sobrancelha franzida indica um golpe ruim, enquanto um rosto satisfeito releva uma boa rebatida. Em muitas ocasiões, o julgamento é expresso verbalmente, e o vocabulário é muito variado, dependendo do jogador e de seu nível de satisfação com seu golpe. Algumas vezes, até o tom da voz já dá a dica de qual foi o julgamento do atleta. Por exemplo, a frase "você girou sua raquete novamente", pode tanto ser uma autocrítica como uma simples observação, dependendo do tom da voz. Assim como imperativos: "Olhe a bola", ou "mexa seus pés", podem tanto ser mensagens de encorajamento quanto condenações por pontos perdidos.

Para compreender mais claramente o significado do julgamento, imagine uma partida disputada entre o Sr. A e o Sr. B, com o Sr. C atuando como juiz. O Sr. A está sacando seu segundo serviço no primeiro ponto de um tiebreak. A bola é longa, e o Sr. C chama: "Fora. Dupla-falta". Depois de observar seu saque longo e ouvir a chamada do juiz, o Sr. A franze a testa, diz algo ofensivo para si mesmo e avalia o serviço como "terrível". Observando a mesma cena, o Sr. B. julga aquilo como "bom" e sorri. O Sr. C permanece inalterado; ele simplesmente chama a bola fora porque viu dessa forma.

O importante nesse evento é perceber que os adjetivos utilizados pelos tenistas para descrever o lance não são de fato atributos. Eles são avaliações feitas pela mente dos participantes de acordo com suas reações individuais em relação ao evento. O Sr. A, na verdade, deveria ter dito: "Não gostei deste evento"; e o Sr. B deveria dizer: "Eu gostei do evento". Ironicamente, o juiz não julga o evento como positivo ou negativo; ele simplesmente observa a bola e diz que ela quicou fora da área de saque. Caso o evento ocorra mais vezes, o Sr. A ficará muito chateado, o Sr. B continuará satisfeito e o Sr. C, sentado em sua cadeira, vai seguir observando os acontecimentos sem interesse particular.

Nesse caso, julgamento é o ato de atribuir um valor positivo ou negativo ao evento. É como dizer que, baseado em sua experiência, você sabe avaliar se um evento é bom ou ruim. Ninguém gosta de rebater uma bola na rede, e isso é sempre julgado como algo ruim, enquanto um saque perfeito é sempre julgado como algo positivo. Sendo assim, julgamentos são pessoais, reações do ego ao que se vê, ao que se ouve e ao que se sente durante uma determinada ação.

E como isso se relaciona com o tênis? Bem, o ato inicial de julgamento é o que vai dar início ao processo de raciocínio. Primeiramente, o tenista avalia seu golpe como bom ou ruim. Caso ele julgue que foi ruim, ele começa a pensar no que estava errado. Depois começa a falar para ele mesmo o que deve ser corrigido. Então *tenta* corrigir o erro com esmero, dando instruções mentais sobre como executar o golpe. E, finalmente, ele avalia o resultado. É claro que nessa situação a mente não está tranquila e o corpo está tenso com o processo. Caso ele julgue que o golpe foi bom, o Ser 1 começa a pensar no que deu certo naquele lance; ele então tenta fazer com que o corpo repita o processo, dando instruções a si mesmo, tentando com esmero, e assim por diante. Ambos os processos acabam em uma avaliação de resultado, o que perpetua o processo de raciocínio e desempenho consciente. Como consequência, a musculatura do atleta fica tensa quando deveria estar relaxada, os golpes ficam artificiais e não têm fluidez, e os julgamentos negativos tendem a aumentar em quantidade e intensidade.

Depois de o Ser 1 avaliar diversos golpes, ele tende a fazer uma generalização. Em vez de julgar um evento isolado, como "outro backhand ruim", ele começa a pensar "seu backhand é horrível". Ou em vez de dizer "você estava nervoso neste ponto", ele generaliza, "você parece um ator ruim em dia de estreia". Outras generalizações comuns são "estou tendo um dia ruim", "sempre erro os golpes fáceis", "sou muito lento" etc.

É interessante notar como os julgamentos feitos pela mente tendem a se estender. Eles podem começar com um "que saque péssimo" e passar a "meu saque está horrível hoje". Depois de mais alguns erros, o julgamento ganha extensão e se transforma em "tenho um saque muito ruim". Depois, "sou um tenista fraco" e, finalmente, "não sou bom". Inicialmente, a mente julga o evento, depois grupos de eventos, depois a combinação desses grupos e, finalmente, julga o próprio indivíduo.

Frequentemente esses autojulgamentos tornam-se profecias que acabam se cumprindo. E isso ocorre porque as comunicações vindas do Ser 1 para o Ser 2 são repetidas insistentemente, até que se transformam em expectativas ou até convicções. E então o Ser 2 começa a viver essas expectativas. Se você disser a si mesmo por diversas vezes que é um mau sacador, um processo quase hipnótico é desencadeado. É como se o Ser 2 recebesse um papel em uma peça – o papel do mau sacador – e ele vai atuar, escondendo inclusive suas verdadeiras habilidades, se necessário. Quando a mente que faz os julgamentos estabelece uma relação de identidade com suas próprias avaliações negativas, a encenação continua, e o verdadeiro potencial do Ser 2 permanece escondido, até que o efeito hipnótico seja quebrado. Em resumo, você começa a se transformar naquilo em que está pensando.

Depois de rebater uma série de backhands na rede, o tenista diz a ele mesmo que tem um backhand ruim, ou pelo menos que não está bem naquele dia. Ele então procura um instrutor para corrigir seu problema, assim como um doente procura um médico. Ele espera um diagnóstico do instrutor, assim como uma medicação. É o procedimento comum. Já na medicina tradicional chinesa, os pacientes visitam o médico quando estão bem, e o papel do médico é mantê-los assim. Da mesma forma, é perfeitamente possível – além de menos frustrante – procurar um instrutor de tênis sem fazer um julgamento sobre seu possível problema crônico com o backhand.

Ao receber uma instrução de não fazer julgamentos sobre seu desempenho em um jogo, a mente protesta: "Mas se não consigo rebater um backhand dentro da quadra, como vou ignorar meu erro e fingir que está tudo bem?". Esse ponto tem de ficar claro: não fazer julgamentos é diferente de ignorar os erros. É necessário observar os eventos de forma neutra, sem adicionar adjetivos a ele. É possível constatar sem julgar que durante uma certa partida você sacou 50 por cento de seus serviços na rede. O fato não foi ignorado. Ele mostra com precisão que seu saque naquele dia foi errático e a partir daí pode-se tentar descobrir as causas. O julgamento começa quando se classifica o saque como ruim, gerando um sentimento de raiva, frustração ou insegurança no tenista. Caso o processo de julgamento seja interrompido no momento em que o evento é classificado como ruim, sem maiores reações por parte do ego, a interferência é mínima. Mas o processo costuma continuar, levando a manifestações de emoção, tensão, excesso de esforço, autocondenação etc. Essa evolução pode ser retardada com o uso de palavras descritivas e não condenatórias.

Quando um jogador muito crítico me procura, tento desconfiar de suas afirmações sobre seu "péssimo" backhand ou sua falta de técnica. Se ele bater uma bola para fora, vou perceber que ela foi fora, e possivelmente também identificar o motivo do erro. Mas é necessário classificá-lo como um mau jogador, com um péssimo backhand? Se fizer isso, provavelmente ficarei tão tenso no processo de corrigi-lo quanto ele mesmo. O julgamento resulta em tensão, e ela interfere na fluidez necessária para um movimento rápido e preciso. Já o relaxamento gera golpes suaves e faz com que o tenista aceite seu jogo como ele é, mesmo que esteja irregular.

Leia esta simples analogia e procure perceber uma alternativa ao processo de julgamento: Quando plantamos uma semente de rosa na terra, percebemos que ela é pequena, mas não reclamamos da sua falta de raiz ou caule. Procuramos tratá-la como uma semente, irrigando e adubando. Quando ela brota, não dizemos que ela é imatura e pouco desenvolvida, nem criticamos os botões por não se abrirem logo que nascem. Simplesmente contemplamos o processo acontecendo e damos o cuidado necessário em cada estágio. A rosa é uma rosa, desde o estágio de semente até sua morte. E ela possui seu potencial integral em todos os estágios. Parece estar constantemente em mutação; e em cada estado, em cada momento, está perfeita como deve estar.

De maneira semelhante, os erros que cometemos podem ser vistos como parte importante do processo de desenvolvimento. Nosso jogo melhora a cada erro. Até as crises mais sérias ajudam no processo. Elas não são eventos ruins, mas podem ser duradouras se as classificarmos como tal, e nos identificarmos com elas. Assim como um bom jardineiro, que sabe quando o solo está alcalino ou ácido, o treinador competente deve ser capaz de ajudá-lo no desenvolvimento de seu jogo. A primeira coisa que precisa ser feita é lidar com os conceitos negativos que inibem o processo de desenvolvimento natural. Tanto o professor quanto o aluno contribuem para esse processo quando começam a ver e a aceitar as jogadas como elas realmente são.

O primeiro passo é este: ver seus golpes como eles realmente são. Eles devem ser percebidos com clareza. E isso só pode ser feito com a ausência do julgamento individual. Assim que o golpe é visto com clareza e aceito como realmente é, um processo de mudança, rápida e natural, começa a acontecer.

O exemplo a seguir é uma história verdadeira e mostra o caminho para desbloquear o desenvolvimento natural de seus golpes.

A DESCOBERTA DO APRENDIZADO NATURAL

Em um dia de verão de 1971 eu estava dando aulas para um grupo de homens no John Gardiner's Tennis Ranch em Carmel Valley, na Califórnia. Durante uma aula, um aluno percebeu que seu backhand ganhava muita potência e controle quando sua raquete era posicionada abaixo da linha da bola antes do golpe. Ele estava tão entusiasmado com seu "novo" golpe que foi logo contar a seu amigo, Jack, sua descoberta milagrosa. Jack, que considerava seu irregular backhand um dos maiores problemas de seu jogo, veio me procurar logo depois, no horário do almoço. Ele disse: "Sempre tive um péssimo backhand. Talvez você possa me ajudar".

Eu perguntei: "Mas o que há de errado com seu backhand?".

"Minha raquete fica alta quando a levo para trás no preparo do golpe."

"E como você sabe?"

"Porque pelo menos cinco professores já me disseram isso. Eu só não consigo corrigir o problema."

Por um breve momento, achei aquela situação absurda. Ele era um executivo que controlava grandes empresas em negócios complexos e estava me pedindo ajuda por não conseguir controlar seu braço direito. Pensei na possibilidade de dar a ele uma resposta simples e objetiva: "Sim, posso ajudá-lo, a-b-a-i-x-e s-u-a r-a-q-u-e-t-e!".

Mas reclamações como as de Jack são comuns em pessoas de todos os níveis de inteligência e proficiência. Além disso, estava claro que pelo menos outros cinco professores já haviam pedido para que ele abaixasse sua raquete, sem sucesso. Mas o que estava impedindo sua execução?

Lá mesmo onde estávamos, pedi para que Jack executasse o seu movimento algumas vezes. Seu *backswing* começava baixo, mas depois, pouco antes de movimentar a raquete para a frente, ele levantava o braço na altura do ombro, e depois o abaixava para encontrar a bola imaginária. Os cinco professores estavam certos. Pedi a ele que repetisse o movimento mais algumas vezes, sem fazer nenhum comentário. "Está melhor?", perguntou ele. "Tentei manter o braço baixo." Mas em todas as ocasiões sua raquete subia, pouco antes de mover-se para a frente; era óbvio que se ele estivesse rebatendo uma bola real, o movimento de cima para baixo iria resultar em um golpe ineficaz.

"Seu backhand está correto", disse eu, assertivamente. "Ele só parece estar passando por uma mudança. Você mesmo pode observar isso. Venha aqui." Caminhamos até uma grande janela de vidro, e pedi a ele que fizesse o movimento novamente, enquanto observava seu reflexo. Ele fez o movimento, com a habitual elevação do braço, mas dessa vez ficou impressionado: "Ei, realmente ergo muito minha raquete! Ela fica mais alta que meu ombro!". Não havia julgamento em sua voz, ele estava apenas relatando com surpresa o que estava observando.

A surpresa de Jack também me surpreendeu. Ele não havia dito que cinco professores já o haviam alertado sobre o problema? Seguramente, se eu tivesse dito a mesma coisa, ele responderia que já sabia. Mas ficou claro que ele na verdade não sabia. Do contrário, não ficaria surpreso. Apesar de todas as aulas, ele nunca havia visualizado sua raquete alta na parte de trás do movimento. Sua mente ficou tão ocupada em realizar o julgamento e classificar seu golpe como "ruim" que ele nunca tivera tempo de perceber o movimento em si.

Ao observar seu reflexo no vidro, Jack conseguiu manter sua raquete baixa sem muito esforço no movimento seguinte. "Sinto que o movimento é totalmente diferente do meu antigo backhand", constatou ele. Agora, seu movimento era de baixo para cima, repetidamente. Foi interessante notar que ele não estava se elogiando pela descoberta; ele estava apenas surpreso com a diferença que *sentia*.

Depois do almoço, lancei algumas bolas para Jack, e ele conseguiu se lembrar do golpe e repetir a ação. Desta vez, ele apenas sentia a movimentação da raquete, imitando a imagem que vira no vidro espelhado. Era uma nova experiência para ele, que logo começou a bater com consistência um backhand com efeito. Por não fazer muito esforço, aquele golpe parecia um movimento habitual. Dez minutos depois, ele estava "no ritmo", e parou para expressar sua gratidão: "Não tenho palavras para agradecer o que fez por mim. Aprendi mais em dez minutos com você do que em outras várias horas de aula focadas em meu backhand". E eu me enchia de orgulho ao ouvir essas palavras de gratidão. Mas ao mesmo tempo, não sabia como lidar com as palavras generosas, e fiquei gaguejando, tentando tecer uma resposta adequada e modesta. Então minha mente se desligou daquilo e percebi que não havia dado a Jack uma única instrução sobre seu backhand! "Mas o que foi que eu te ensinei?", perguntei a ele. Ele ficou quieto por um longo período, tentando se lembrar o que eu havia dito. Ele finalmente respondeu: "Não me lembro de ter me dito nada! Você ficou apenas observando, e depois fez com que eu mesmo observasse, com muita atenção. Em vez de analisar o que estava errado, apenas observei, e a melhora aconteceu naturalmente. Não sei exatamente o porquê, mas certamente aprendi muito neste curto período". Ele havia aprendido. Mas foi necessário "ensiná-lo"? Essa pergunta me fascinou.

Não consigo descrever como estava me sentindo bem naquele momento. Também não saberia explicar o porquê. Cheguei a ter lágrimas nos olhos. Aprendi e ele aprendeu, mas ninguém merecia créditos pelo evento. Estávamos realizados por ter participado de um maravilhoso processo de aprendizado natural.

A chave que abriu as portas para o novo backhand de Jack – que estava lá o tempo todo, apenas esperando ser descoberta – foi a ação de parar de tentar mudá-lo, e apenas observá-lo como realmente era. Primeiramente, com a ajuda do espelho, ele conseguiu *vivenciar* seu movimento de recuo de raquete. Sem pensar ou analisar, ele aumentou sua consciência sobre aquela parte do movimento. Quando a mente está livre de pensamentos ou avaliações, ela age como um espelho. E somente nestes momentos podemos perceber as coisas como elas realmente são.

A CONSCIÊNCIA SOBRE A REALIDADE

Há duas coisas que precisamos saber no jogo de tênis. A primeira é onde está a bola. E a segunda é onde está a raquete. Umas das primeiras lições que um iniciante no tênis aprende é a importância de observar a bola. É simples: para saber onde a bola está, basta olhar para ela. Não é necessário pensar: "Ah, lá vem a bola; ela está passando por cima da rede e chegando bem rápido. Ela vai quicar perto da linha de fundo, e eu preciso rebatê-la quando ainda estiver subindo". Não. Você simplesmente vê a bola e deixa a devolução adequada acontecer.

Da mesma forma, você não precisa refletir sobre onde sua raquete *deve* estar, embora seja importante sempre ter a consciência de sua posição. Não se pode olhar para ela, já que olhar a bola é a prioridade. Deve-se *senti-la*. Sentir a raquete vai lhe dar a consciência de onde ela está. Não adianta saber onde ela *deveria estar*, ou o que ela deveria – ou não deveria – fazer. É mais importante *senti-la*, e assim *saber* onde está.

Seja qual for a reclamação que o aluno me faz durante uma aula, sempre procuro ajudá-lo tentando fazer com que ele *sinta* e *veja* o que está fazendo – ou seja, procuro melhorar sua consciência sobre a *realidade*. Sigo esse mesmo processo quando meus golpes estão com algum problema. Mas para termos uma boa consciência da realidade, precisamos nos livrar dos autojulgamentos, sejam eles positivos ou negativos. Essa ação desencadeia um processo de desenvolvimento natural, que é surpreendente e belo.

Por exemplo, vamos supor que certo tenista reclama sobre o tempo de sincronia de seu forehand. O caminho óbvio seria dizer a ele o que está errado e tentar corrigir seu problema com instruções como: "Posicione a raquete mais rapidamente", ou "faça o contato com a bola mais longe do seu corpo". Mas em vez disso, eu pediria a ele para prestar atenção na posição da cabeça da raquete no momento em que a bola quicar em seu lado da quadra. Essa não é uma instrução comum, e é bem provável que o aluno nunca tenha ouvido nada parecido antes. Porém, se sua mente julgadora estiver atenta ao movimento, ele vai ficar nervoso. O Ser 1 quer fazer a coisa certa, mas ele não tem certeza do que é certo ou errado naquela ação específica. É bem possível que o aluno pergunte onde sua raquete deve estar no momento do quique da bola. Mas não digo, e peço a ele que apenas perceba sua raquete naquele momento.

Depois de ele rebater algumas bolas, pergunto onde estava sua raquete no momento do quique. A resposta mais ouvida é: "Estou demorando muito para afastar minha raquete. Sei o que está errado, mas não consigo corrigir". É uma constatação muito comum em todos os esportes, e geralmente causa grande frustração.

"Esqueça do certo e do errado por enquanto", sugiro. "Só observe sua raquete no momento do quique." Depois de mais uma série de bolas, o aluno costuma perceber uma mudança: "Estou melhorando, estou afastando minha raquete antes".

"Sim, e onde estava sua raquete?", pergunto.

"Não sei, mas acho que a estou afastando na hora certa... não estou?".

Incomodada com a falta de uma resposta assertiva sobre o certo e o errado, a mente julgadora começa a construir seus próprios critérios. Enquanto isso, a atenção do indivíduo fica presa ao processo de realizar a tarefa corretamente e deixa de lado o que de fato está acontecendo. Embora ele esteja afastando a raquete mais rapidamente e rebatendo a bola de maneira mais sólida, ele ainda não sabe onde está sua raquete. Se permanecer nesse estado, achando que encontrou a "solução" de seu problema, o aluno ficará momentaneamente satisfeito. Ele vai sair da aula ansioso para jogar e repetir para ele mesmo antes de cada forehand: "Afaste a raquete, afaste a raquete, afaste a raquete...". E por um certo tempo a frase mágica vai gerar "bons" resultados. Mas depois de algumas bolas, ele vai voltar a errar e ficar intrigado com o que está acontecendo. E ele provavelmente vai voltar a procurar seu professor para outra dica.

Portanto, em vez de interromper o processo nesse ponto, em que ainda há julgamento, peço novamente ao aluno que observe sua raquete e me diga exatamente onde ela estava no momento do quique da bola. Quando ele finalmente observa sua raquete de maneira neutra e focada, ele consegue sentir o que está de fato fazendo, e sua percepção melhora. Então, sem maiores esforços, ele vai descobrir que seu movimento desenvolveu um ritmo natural. Na verdade, ele vai encontrar o ritmo certo para ele, que pode ser até diferente daquele considerado universalmente como "correto". E, ao sair para jogar, ele não precisará repetir a frase mágica. Em vez disso, vai focar sem precisar pensar.

O que esse exemplo tenta ilustrar é que existe um processo de aprendizado natural que acontece com qualquer pessoa, desde que seja permitido. Esse processo está pronto para ser descoberto por todos aqueles que ignoram sua existência. Não é necessário acreditar em minhas palavras, basta desvendá-lo individualmente. E depois de descobrir o processo, deve-se confiar nele (este tema é abordado no capítulo 4). Para descobrir esse processo de aprendizado natural, é necessário deixar de lado o antigo método de *correção* de erros. Em outras palavras, é preciso esquecer os julgamentos e observar o que de fato ocorre. Será que seus golpes vão melhorar quando submetidos a uma atenção livre de críticas? Faça o teste.

E O PENSAMENTO POSITIVO?

Antes de finalizar o assunto da mente julgadora, devemos tecer alguns comentários sobre o "pensamento positivo". Os prejuízos causados pelo pensamento negativo são muito discutidos hoje em dia. Livros e revistas aconselham seus leitores a substituir o pensamento negativo pelo positivo. Em vez de se considerar feio, desajustado e infeliz, o leitor deve se achar atraente, ajustado e feliz. A substituição de um hábito que chamo de "hipnose negativa", por seu oposto literal, a "hipnose positiva", pode trazer benefícios em curto prazo, mas sempre tive a impressão de que eles costumam durar pouco.

Uma das primeiras lições que aprendi como instrutor de tênis foi de não procurar defeitos nos alunos e em seus golpes. Parei de fazer críticas. Em vez disso, elogiava o aluno sempre que podia, e fazia sugestões positivas sobre como melhorar seus golpes. Mas depois de algum tempo, decidi parar de elogiar meus alunos. Essa nova resolução me ocorreu em um dia em que dava uma aula de movimentação de pernas a um grupo de mulheres.

Fiz uma introdução breve sobre autocrítica, e uma das alunas, Clare, me perguntou: "Entendo o problema do pensamento negativo, mas há algo errado em elogiar alguém que fez algo de bom? E o pensamento positivo?". Minha resposta foi vaga: "Bem, não acho o pensamento positivo tão prejudicial quanto o negativo", mas durante a aula que se seguiu, percebi que aquilo também poderia ser um problema.

No início da aula, disse às alunas que cada uma delas iria bater seis forehands em movimento e que queria que elas somente prestassem atenção aos pés. "Percebam como seus pés se movem até chegar à posição de rebatida, e se há alguma transferência de peso quando baterem na bola." Disse a elas que não havia um modo certo ou errado, e que elas deviam observar o movimento dos pés com atenção. Ao jogar as bolas, não fiz nenhum comentário. Assisti atentamente ao exercício, mas não fiz nenhum julgamento. Nem positivo, nem negativo. As mulheres também estavam quietas, observando umas às outras, sem comentários. Elas pareciam estar concentradas no processo de prestar atenção aos pés.

Depois da série de trinta rebatidas, percebi que não havia nenhuma bola na rede; elas estavam todas do meu lado, no fundo da quadra. "Veja", eu disse, "todas as bolas estão naquele canto, e nenhuma ficou na rede". Embora essa frase fosse apenas uma observação, meu tom de voz revelou que estava satisfeito com o que via. Eu estava fazendo um elogio a elas, e indiretamente elogiando meu próprio trabalho.

Para minha surpresa, a próxima garota a rebater disse: "Ah, e você faz esse comentário justamente na minha vez!". E embora seu comentário fosse bem-humorado, pude notar que ela estava um pouco nervosa. Repeti a mesma instrução e parti para mais uma série de trinta rebatidas, novamente sem nenhuma instrução. Mas dessa vez pude notar expressões mais tensas e a movimentação dos pés parecia menos natural. Depois da trigésima bola, oito bolas estavam na rede, e as bolas que passaram não ficaram concentradas no mesmo canto.

Interiormente, fiz uma autocrítica por ter atrapalhado o processo. E então Clare, a garota que fez a pergunta sobre o pensamento positivo, exclamou: "Ai, estraguei tudo! Fui a primeira a bater uma bola na rede, e depois ainda errei mais três". Aquele comentário impressionou a todos, porque não era verdadeiro. Foi outra pessoa que bateu a primeira bola na rede, e Clare só havia errado duas bolas. Sua mente julgadora havia distorcido sua percepção sobre o que tinha de fato acontecido.

Depois disso perguntei ao grupo se alguém havia notado algo diferente com seus pensamentos durante a segunda série de bolas. Todas elas disseram que prestaram menos atenção aos pés e ficaram mais preocupadas em evitar que a bola parasse na rede. Elas estavam tentando satisfazer uma expectativa, um padrão do que era certo ou errado, que havia sido estabelecido anteriormente. E essa expectativa não existia na primeira série. Comecei a notar que meu elogio havia acionado a mente julgadora das alunas. O Ser 1 e seu ego estavam agora presentes.

Com essa experiência, comecei a entender como o Ser 1 funcionava. Sempre em busca de aprovação, e evitando críticas, ele vê o elogio como uma ameaça, pois pode se transformar em um fracasso. Funciona assim: "Se o instrutor ficou feliz com um determinado desempenho, ele ficará triste com seu oposto. Se ele gosta de mim por ter feito algo bem, ele não vai gostar de mim se for mal". O padrão de bom e ruim fica estabelecido, e o resultado inevitável é uma concentração comprometida pela interferência do ego.

As alunas também começaram a perceber a causa da tensão na terceira série de rebatidas. E Clare ficou empolgada com sua descoberta: "Agora estou entendendo!", exclamou, colocando a mão na testa. "Meus elogios são críticas disfarçadas. E estou usando-as para manipular meu comportamento." E depois de constatar o problema, ela saiu da quadra à procura do marido. Ficou evidente que ela percebeu uma conexão entre seu comportamento em quadra e sua vida em família. Uma hora mais tarde, vi Clare com o marido, ainda conversando seriamente.

As avaliações positivas e negativas são relativas. É impossível julgar um evento como positivo sem compará-lo com outro negativo, ou menos positivo. E não há como evitar apenas o lado negativo do processo de julgamento. Para ver seus golpes como eles realmente são, não se deve atribuir qualidades a eles. E o mesmo raciocínio vale para os resultados de seus golpes. Você pode observar com precisão a sua rebatida que foi para fora da quadra, mas não precisa classificá-la como "ruim". Não julgar é diferente de não observar. Não julgar significa apenas observar de maneira neutra o que seus olhos testemunham. As coisas são o que são – sem distorção. E dessa forma, a mente fica mais calma.

Mas o Ser 1 protesta: "Se vejo minha bola indo para fora e não faço uma avaliação negativa, não terei incentivo para mudar. Se eu não condenar meus erros, como vou mudá-los?". O ego do Ser 1 quer assumir a responsabilidade das ações para melhorá-las. Ele quer o crédito por desempenhar um importante papel no processo e também sofre muito quando as coisas não vão bem.

O próximo capítulo vai abordar um processo alternativo, em que as ações fluem de maneira espontânea e sensata, sem que o ego saia em busca de pontos positivos e fuja de pontos negativos. Mas antes de concluir este capítulo, vamos ler uma história profunda, mas simples, contada por um amigo meu chamado Bill.

Em certa manhã, três homens estão em um carro dirigindo pelas ruas de uma cidade. Para fazer uma analogia, suponhamos que cada um dos homens representa um tipo de tenista. O homem sentado do lado direito é um otimista, que acredita que seu jogo é ótimo, e sua autoestima é altíssima por possuir um tênis tão superior. Ele também se considera um boa-vida, que aproveita todos os prazeres que lhe são oferecidos. O homem sentado no meio é um pessimista, que não para de analisar os seus defeitos e os problemas do mundo. Ele está sempre envolvido em algum tipo de programa de autoajuda. O terceiro homem é o que está dirigindo. Ele tenta deixar de lado a mente julgadora, pratica o Jogo Interior, aproveita seu jogo como ele realmente é, e faz o que parece sensato em cada situação.

O veículo para em um semáforo, e, atravessando a rua na frente deles, está uma belíssima mulher, que atrai de imediato seus olhares. Sua beleza é exuberante e ela está completamente nua!

O homem da direita começa a imaginar como seria bom encontrar essa linda mulher em outras circunstâncias. Sua mente busca lembranças e projeta fantasias sensuais para o futuro.

O homem sentado no meio vê a mulher como um exemplo da decadência moderna. Ele não tem certeza se deve ficar olhando muito para ela. Primeiro as minissaias, pensa ele, depois as dançarinas que fazem *topless*, depois as *strippers*, e agora elas estão nuas pelas ruas em plena luz do dia! Alguém tem de parar com tudo isso!

O motorista também está observando a garota, mas ele simplesmente assiste ao que está diante de seus olhos. Ele não acha aquilo bom nem ruim e, por consequência, presta atenção a um detalhe que seus amigos não perceberam: a mulher está com os olhos fechados. Ele percebe que ela é sonâmbula. Em um ato de sensatez, ele pede que seu amigo assuma o volante, sai do carro e cobre a mulher com seu casaco. Gentilmente, ele a acorda e explica que ela deve ter caminhado enquanto dormia, oferecendo-se para levá-la de volta a sua casa.

Meu amigo Bill costuma concluir a história dando uma piscadela e dizendo: "E depois ele foi devidamente recompensado por sua boa ação". A interpretação é livre!

A PRIMEIRA HABILIDADE A SER desenvolvida para o desempenho do Jogo Interior é a consciência livre de julgamentos. Quando deixamos de julgar, descobrimos, para nossa surpresa, que não precisamos de motivação para mudar nossos hábitos "ruins". Precisamos simplesmente estar mais conscientes. Existe um processo natural de aprendizado e de desempenho. Basta descobri-lo. E esse processo pode ser muito eficaz se realizado sem a interferência do esforço consciente excessivo e de seus julgamentos. Sua descoberta e sua credibilidade serão o tema do próximo capítulo.

Para finalizar, é importante lembrar que nem todas as observações são julgamentos. Reconhecer as próprias qualidades, esforços e conquistas pode facilitar o aprendizado natural – diferente do julgamento, que interfere. E qual é a diferença? O *reconhecimento* e o respeito pelas qualidades contribuem para a confiança do Ser 2. Já os julgamentos do Ser 1, por outro lado, tendem a manipular e a enfraquecer essa confiança.

A CONFIANÇA
DO SER 2

A tese do capítulo anterior explica que o primeiro passo no caminho da harmonia entre o ego e o corpo – ou seja, entre o Ser 1 e o Ser 2 – é deixar de lado o autojulgamento. Somente quando o Ser 1 parar de julgar o Ser 2 e suas ações, ele pode ter uma melhor ideia de suas capacidades e seu funcionamento. E quando isso ocorre, a confiança começa a surgir, e finalmente se transforma no ingrediente básico da alta performance: a autoconfiança.

DESVENDANDO O SER 2

Por um momento, deixe de lado suas opiniões pessoais sobre seu corpo. Não importa se você se acha desajeitado, descoordenado, normal ou fantástico. Pense apenas no que seu corpo faz. Enquanto você lê este texto, seu corpo está desempenhando diversas ações coordenadas. Seus olhos se movimentam naturalmente, capturam as imagens em branco e preto e comparam com o que está registrado em sua memória. Depois elas são traduzidas em símbolos e então conectadas com outros símbolos para se chegar a um significado. Milhares de operações como essa estão acontecendo em questão de segundos. Ao mesmo tempo, seu coração está batendo e o ar entre e sai de seu corpo, mantendo um complicado sistema de órgãos, glândulas e músculos em pleno funcionamento.

Tudo de forma inconsciente. Assim como os bilhões de células que se reproduzem e combatem doenças.

E se você caminhou até a poltrona e acendeu uma lâmpada antes de começar a ler, seu corpo coordenou diversos movimentos musculares para desempenhar tais tarefas. O Ser 1 não precisou instruir o seu corpo sobre a distância que o braço precisaria percorrer até que o dedo alcançasse o interruptor; você já conhecia seu objetivo, e seu corpo fez apenas o que era necessário, sem precisar pensar. O processo pelo qual seu corpo passou para aprender essas ações não é diferente do processo que ele vai passar para aprender a jogar tênis.

Vamos refletir sobre a complicada série de ações desempenhada pelo Ser 2 durante uma devolução de saque. Para antecipar como será o movimento dos pés, e se a raquete deve ir para a direita ou para a esquerda, o cérebro precisa calcular em uma fração de segundos o caminho aproximado que a bola vai fazer ao sair da raquete de seu adversário e chegar do seu lado da quadra, para que você a intercepte. Nesse cálculo, deve-se considerar a velocidade inicial da bola, levando-se em conta o decréscimo progressivo dessa velocidade, assim como o efeito de curvatura e o vento no momento do saque. Depois é necessário recalcular todos estes fatores quando a bola chegar mais perto, para que o contato com a raquete seja preciso. Simultaneamente, deve-se dar instruções aos músculos – por diversas vezes, e com a informação mais atualizada possível. E, finalmente, os músculos têm de dar a resposta em cooperação: movimento dos pés, raquete para trás na altura e velocidade apropriadas, posição da cabeça ajustada no ângulo correto durante o movimento para a frente. O contato é feito em um ponto exato, baseado na ordem de rebater a bola cruzada ou paralela – ordem essa que somente é dada depois de uma análise de posicionamento do adversário.

Se o sacador for Pete Sampras, você tem menos de meio segundo para executar todas essas tarefas. E mesmo que seu oponente não seja tão talentoso, o tempo disponível não passa de um segundo. Acertar a bola já é em si um feito notável; devolvê-la com consistência e acurácia é louvável. Mas não é algo raro de se ver. A verdade é que todos os que habitam um corpo humano já são donos de uma ferramenta incrível.

Baseado nisso, parece inapropriado depreciar nosso corpo. O Ser 2 – que é o corpo físico, incluindo o cérebro, a memória (consciente e inconsciente) e o sistema nervoso – é um sofisticado conjunto de potencialidades. Ele possui uma inteligência interior impressionante, que aprende novas ações com a mesma facilidade que uma criança. Ele usa bilhões de células e comunicações nervosas para executar suas ações. Nenhum computador existente consegue se comparar em termos de ações físicas complexas a um indivíduo, mesmo que ele seja um tenista iniciante.

A sequência deste texto tem a proposta exclusiva de encorajar o leitor a respeitar seu Ser 2, esse excelente instrumento que alguns têm a coragem de considerar "descoordenado".

Ao pensar em toda a inteligência silenciosa contida nas ações do Ser 2, qualquer atitude arrogante ou desconfiada começa a perder o sentido. E isso ajuda a eliminar as autoinstruções, as críticas e os excessos de controle que atrapalham na concentração da mente.

CONFIE EM SI

O Ser 1 costuma ignorar as capacidades do Ser 2, e isso dificulta o processo de aquisição de autoconfiança. Essa falta de confiança é a principal causa de interferências, como o excesso de esforço e de instruções. Você acaba usando seus músculos exageradamente e fica pouco concentrado. Deve-se, portanto, estabelecer uma relação de confiança interna, ou seja, confiar em si.

E o que significa confiar em si dentro de uma quadra de tênis? Não é pensar positivo (você não vai acertar um ace em todo saque só porque quer muito). No tênis, confiar no seu corpo significa *deixá-lo* rebater a bola. A palavra-chave é *deixar*. Confie na competência de seu corpo e de seu cérebro e deixe que eles movimentem a raquete. O Ser 1 não participa do processo. Porém, embora a explicação seja simples, o processo não é assim tão fácil.

Em alguns aspectos, a relação entre o Ser 1 e o Ser 2 se parece com a relação de um pai com seu filho. Alguns pais têm dificuldade em deixar seus filhos desempenhar uma determinada atividade porque acreditam que sabem melhor como fazê-la. Mas o pai que confia na criança e a ama deixa-a desempenhar a atividade como ela quer, permitindo inclusive alguns erros, porque ele sabe que a criança vai aprender com aquele processo.

Deixar acontecer é diferente de *fazer* acontecer. Não é necessário *forçar*. Não é necessário controlar as rebatidas. Essas ações são do Ser 1, que costuma assumir o controle quando não confia no Ser 2. E essa troca de papéis gera a tensão muscular, os movimentos rígidos e estranhos, o ranger dos dentes e as expressões franzidas. O resultado é uma rebatida errada e muita frustração. Geralmente, quando estamos apenas trocando bolas na quadra, confiamos em nosso corpo porque o nosso ego sabe que aquilo não está valendo nada. Mas quando o jogo começa, o Ser 1 assume o controle; e no ponto crucial da partida, ele começa a duvidar do bom desempenho do Ser 2. E justamente nesse momento a tensão se eleva e o resultado é quase sempre decepcionante.

Vamos analisar um pouco mais esse processo de tensão, que é um fenômeno que acontece com todo atleta, em todo tipo de esporte. A anatomia explica que o músculo possui dois estados; ou ele está relaxado, ou está contraído. Assim como uma lâmpada não pode estar parcialmente apagada, o músculo não pode estar parcialmente contraído. A diferença entre segurar uma raquete de maneira natural ou de forma rígida está no *número* de músculos que estão contraídos. Quantos e quais músculos são necessários para fazer um bom saque? Ninguém sabe, mas se o nosso consciente tentar assumir o controle e escolher quais músculos contrair, ele vai cometer excessos. E quando usamos mais que o necessário, desperdiçamos energia e deixamos de aproveitar a ocasião para relaxar os músculos não utilizados. Por pensar que para um golpe forte são necessários muitos músculos, o Ser 1 vai contrair o ombro, o antebraço, o braço, o pulso e até o rosto, *impedindo* um movimento natural.

Se tiver uma raquete por perto, faça este teste (e se não tiver uma raquete, use outro objeto, ou apenas faça o movimento com sua mão): tensione os músculos de seu pulso e veja se consegue movimentar sua raquete com velocidade. Depois relaxe os músculos e faça o movimento novamente. Nitidamente, o pulso relaxado ficará mais flexível. No movimento do saque, a potência é gerada, pelo menos parcialmente, pela flexibilidade do pulso. Quando alguém tenta intencionalmente colocar força no saque, os músculos do pulso ficam rígidos, comprometendo a velocidade do movimento e perdendo potência. Além disso, fica mais difícil completar o movimento, afetando o equilíbrio. E é assim que o Ser 1 interfere na sabedoria do corpo. Não é difícil imaginar que o saque com o pulso tenso vai deixar o tenista insatisfeito, e então ele vai tentar aumentar a tensão no saque seguinte, forçando mais músculos e ficando mais frustrado e exausto, além de correr o risco de uma lesão no cotovelo.

Por sorte as crianças aprendem a andar antes que seus pais comecem a dar instruções sobre o tema. Elas não só aprendem a andar muito bem como também ganham confiança no processo de aprendizado que estão vivenciando. As mães observam os esforços de seus filhos com amor e interesse, e as mais sábias tentam não interferir. Se pudéssemos aprender a jogar tênis como uma criança aprende a andar, nosso progresso seria bem maior. Quando a criança perde o equilíbrio e cai, a mãe não a condena por ser descoordenada. Ela nem sequer fica triste; ela percebe a ocorrência e eventualmente dá uma palavra de consolo ou faz um elogio. E, como consequência, a criança progride no processo de andar sem se achar descoordenada.

E por que um tenista iniciante não consegue tratar o seu backhand da mesma forma que uma mãe amorosa trata seu filho? O truque é não se *associar* ao seu backhand. Se você achar que o problema com seu golpe é reflexo de sua incapacidade como indivíduo, ficará frustrado. Mas seu backhand não é parte de você. Uma mãe não trata cada queda de seu filho como uma falha pessoal. Se fizesse isso, seria tão instável em suas emoções quanto o equilíbrio de seu filho. Ela encontra estabilidade quando percebe que as quedas não são dela, e sim de seu filho, que ela ama e do qual cuida, mas que não faz parte do seu ser.

Esse interesse não associado é essencial para deixar que seu jogo se desenvolva naturalmente. Lembre-se de que você não é o seu jogo, nem o seu corpo. Confie no seu corpo para aprender a jogar, assim como você confia em outra pessoa para fazer determinado trabalho. Em pouco tempo, ele estará superando suas expectativas. *Deixe* fluir.

Essa teoria deve ser testada, e não simplesmente aceita. No decorrer deste capítulo, vamos propor alguns experimentos que lhe darão a chance de perceber a diferença entre se *forçar* a fazer algo e simplesmente *deixar* acontecer. Fica também a sugestão de que cada pessoa pode desenvolver seus próprios experimentos para melhorar a autoconfiança, tanto em momentos de descontração quanto em situações de pressão.

DEIXE ACONTECER

A esta altura, o leitor pode estar se perguntando: "Como posso 'deixar um forehand acontecer' se nem sequer aprendi como executá-lo? Não preciso de pelo menos uma aula? Posso entrar na quadra e 'deixar acontecer', mesmo nunca tendo jogado tênis?". A resposta é: se seu corpo sabe bater um forehand, então *deixe acontecer*; se ele não sabe, *deixe que ele aprenda*.

As ações do Ser 2 são baseadas em informações que ele armazenou na memória, tanto por experiências próprias quanto por observações.

Um jogador que nunca segurou uma raquete precisa deixar a bola bater nas cordas algumas vezes para que o Ser 2 aprenda a distância entre o centro da raquete e o ponto em que sua mão a segura. Todas as vezes em que você bate na bola, correta ou incorretamente, a memória mecânica do Ser 2 captura informações e as armazena para utilizar no futuro. Com a prática, o Ser 2 refina e amplia seu banco de dados na memória. Ele aprende o tempo todo: qual a altura que a bola quica quando é rebatida com diferentes velocidades e efeitos; quão rápido a bola sobe ou desce; onde ela deve ser rebatida para que vá a um determinado ponto do outro lado da quadra. Ele se lembra de todas as suas ações e de todos os resultados gerados, desde que se preste a devida atenção. Em resumo, o mais importante para um iniciante, é se lembrar de permitir que o processo de aprendizado natural aconteça, e deixar de lado as instruções passo a passo sobre seus golpes. Os resultados serão surpreendentes.

Permita-me ilustrar com um exemplo a maneira fácil e a difícil de aprender. Quando eu tinha doze anos, fui inscrito em uma escola de dança. Lá, aprendia valsa, foxtrote e outros tipos de dança, só conhecidos hoje pelos mais velhos. As instruções eram mais ou menos assim: "Coloque seu pé direito aqui e seu pé esquerdo ali, depois junte-os. Agora coloque seu peso sobre o pé esquerdo e vire-se". Os passos não eram complicados, mas tive de praticar por diversas semanas até que conseguisse dançar sem ficar pensando comigo mesmo: "Coloque o pé esquerdo aqui, o direito ali, vire, um, dois, três; um, dois, três". Eu pensava em cada passo, dava o comando para mim mesmo, e depois o executava. Eu mal conseguia perceber a presença da garota em meus braços, e só muito tempo depois consegui conversar enquanto dançava.

É assim que a maioria de nós aprende a jogar tênis. Mas esse método é lento e entediante! Hoje, o pré-adolescente de doze anos aprende a dançar de outra forma. Ele vai a uma festa, observa seus amigos executando alguns passos de um ritmo da moda, e volta para casa dominando aquela dança. Mesmo que os passos sejam muito mais complexos do que os do foxtrote. Imagine o tamanho do manual de instruções necessário para se ensinar uma dessas danças modernas! O aluno precisaria ter conhecimentos específicos, quase um mestrado, além de muito tempo para praticar. Mas em vez disso, qualquer um, mesmo que tenha notas baixas na escola, consegue aprender o ritmo sem esforço em apenas uma noite.

E como esse pré-adolescente consegue essa façanha? Primeiramente, apenas *observando*. Ele não pensa no que está vendo (como o ombro esquerdo se ergue um pouco enquanto a cabeça pende para a frente e o pé direito gira). Ele simplesmente absorve *visualmente* a imagem diante dele. A imagem não fica retida na mente; ela parece ser transmitida diretamente para o corpo, e ele leva poucos minutos para fazer na pista os mesmos movimentos que há pouco observava. Depois disso ele *sente* o processo de imitação. Ele repete o processo algumas vezes: observa, sente e logo começa a dançar sem fazer esforço – totalmente tomado pela ação. E se no dia seguinte sua irmã lhe perguntar como é que se dança aquele ritmo, ele vai responder: "Não sei... É assim... Está vendo?". Ironicamente, ele acha que não sabe aquela dança, porque não consegue explicar com palavras. De forma inversa, muitos de nós conseguimos explicar com detalhes como se joga tênis e como um golpe deve ser dado, mas não conseguimos *executar* o que dizemos.

Para o Ser 2, uma imagem vale mais que mil palavras. Ele aprende observando a ação dos outros, assim como desempenhando suas próprias ações. Quase todos os tenistas já experimentaram a sensação de jogar sem pensar depois de assistir a um jogo de profissionais na televisão. Os benefícios trazidos por essa ação não vêm da análise dos golpes dos jogadores de elite, mas sim da observação concentrada e livre de pensamentos das imagens diante de seus olhos. No dia seguinte, quando você vai jogar, consegue acertar o tempo da bola, antecipar jogadas e melhorar sua confiança, sem precisar se esforçar ou se controlar mentalmente.

A COMUNICAÇÃO COM O SER 2

Em resumo, para muitos de nós, é necessário estabelecer uma nova relação com nosso Ser 2. E a construção dessa nova relação implica encontrar novas formas de comunicação. A relação anterior era caracterizada por crítica e excesso de controle, fatores que comprometiam a confiança. Já a nova relação é baseada em respeito e confiança. E a mudança começa a acontecer em nossa *atitude*. Ao analisar a postura crítica do Ser 1, pode-se afirmar que ele diminui o Ser 2, olhando-o como *inferior*. Na verdade, deve-se aprender a olhar o Ser 2 como *superior*. Essa é a atitude de respeito baseada no real reconhecimento de sua inteligência natural e de suas capacidades. Outra palavra que define essa atitude é humildade, sentimento que aparece naturalmente quando estamos na presença de alguém ou algo que admiramos. Quando descobrimos o caminho para esse tipo de atitude, tratando o Ser 2 com todo o respeito que ele merece, adquirimos sentimentos e pensamentos que nos ajudam a controlar a atitude crítica e permitir que o Ser 2 atinja sua plenitude. Praticando o respeito, aprende-se a ser respeitado.

O restante deste capítulo trata de três métodos básicos de comunicação com o Ser 2. Uma das premissas básicas da boa comunicação é fazer uso da linguagem mais apropriada. Se o Sr. A quer ter certeza de que sua mensagem vai chegar ao Sr. B, ele vai, se possível, utilizar a língua nativa do Sr. B. E qual é a língua nativa do Ser 2? Certamente nenhuma das que conhecemos! O Ser 2 não conhecia palavras em seus primeiros anos de vida, mas mesmo assim já atuava. Sua língua nativa é baseada em imagens sensoriais. Os movimentos são aprendidos por meio dessas imagens, que podem ser vistas e sentidas. Portanto, os três métodos de comunicação que discutiremos a seguir envolvem o envio de mensagens orientadas de forma objetiva para o Ser 2 por intermédio de imagens e sentimentos.

FOCO NO RESULTADO

Muitos alunos de tênis se preocupam demais com seus golpes e deixam de dar a devida atenção aos seus resultados. Esses jogadores têm plena consciência dos movimentos realizados para desferir um golpe, mas não se preocupam com a direção que a bola vai tomar. A recomendação para eles é que mudem o foco, deixando os meios e se concentrando no fim. A seguir, um exemplo.

Em uma aula em grupo com cinco mulheres, perguntei a cada uma delas o que gostariam de mudar em seu jogo. A primeira mulher, Sally, queria melhorar o seu forehand, que de acordo com ela "estava terrível ultimamente". Perguntei a ela o que exatamente a incomodava em seu forehand, e ela respondeu: "Bem, demoro para levar minha raquete para trás, e quando faço, deixo-a alta. Quando faço o movimento da rebatida, giro demais a raquete; além disso, tiro meus olhos da bola e não faço a aproximação dos pés corretamente". Ficou claro que se fôssemos remediar cada um de seus problemas com instruções específicas, a aula deixaria de ser em grupo e se tornaria particular.

Então perguntei a Sally quais as características de seu forehand que a incomodavam. E ela respondeu: "Ele não tem profundidade nem potência". Agora tínhamos algo que poderia ser trabalhado. Pedi a ela que imaginasse que seu corpo (Ser 2) já soubesse como rebater a bola com profundidade e potência, e que, caso ele não conseguisse no princípio, aprenderia rapidamente. Sugeri que ela imaginasse o arco feito pela bola para que ela quicasse no fundo da quadra adversária, percebesse a altura que a bola estava passando sobre a rede e que tentasse conservar aquela imagem em sua mente por alguns segundos. Então, antes de rebater algumas bolas, eu disse a ela: "Não *tente* jogar a bola no fundo da quadra. Só peça para que seu Ser 2 faça o trabalho e deixe acontecer. Se a bola for curta, não faça nenhum esforço consciente para alongá-la. Apenas deixe acontecer".

A terceira bola rebatida por Sally ficou a dois palmos da linha de fundo da quadra. Das vinte bolas seguintes, quinze ficaram próximas da linha de fundo, e a cada rebatida elas viajavam com mais potência. Enquanto ela rebatia, tanto eu como as outras alunas puderam perceber todos os elementos que ela anteriormente havia criticado, mudando gradual e naturalmente; a raquete recuava mais baixa, o movimento para a frente era reto, sem giro, e ela fazia o movimento com equilíbrio e confiança. Ao terminar as rebatidas, perguntei a ela o que havia mudado. Ela respondeu: "Não mudei nada. Só imaginei a bola passando cerca de meio metro acima da rede e quicando próxima da linha de fundo, e foi o que aconteceu!". Ela estava feliz e surpresa.

As mudanças realizadas no forehand de Sally ocorreram porque ela deixou o Ser 2 ter uma clara imagem visual do que ela desejava. Depois deu a instrução a seu corpo: "Faça o que for preciso para conseguir o que desejo". E então foi só *deixar acontecer*.

Obter uma clara imagem dos resultados que você deseja conquistar é um dos métodos mais eficazes de se comunicar com o Ser 2, especialmente durante um jogo. No meio da competição, não há mais tempo para aprimorar seus golpes, mas é possível memorizar na mente a imagem de seu golpe direcionando a bola exatamente para o lugar desejado, e depois deixar seu corpo desempenhar a ação. Para isso, é essencial confiar no Ser 2. O Ser 1 deve estar relaxado, deixando de lado o ímpeto de dar instruções e controlar os golpes. E quando ele deixar a ação acontecer, a confiança na habilidade do Ser 2 tende a crescer.

FOCO NA FORMA

Em algumas situações, pode ser útil ter a capacidade de realizar mudanças deliberadas em um ou mais elementos de um golpe. Esse processo será discutido com mais detalhes no capítulo 6, "Mudando Hábitos".

O processo é bem similar ao do foco no resultado. Suponha, por exemplo, que você está cometendo o erro de girar sua raquete quando a movimenta para a frente, repetidas vezes, sem sucesso nas tentativas de correção. Em primeiro lugar, deve-se dar ao Ser 2 uma clara imagem do que você quer que ele faça. Para conseguir essa imagem com maior eficiência, pode-se segurar a raquete na frente do corpo, como se tivesse acabado de fazer o movimento correto, e observá-la com concentração por alguns segundos. Pode parecer uma situação embaraçosa, já que muitas vezes achamos que sabemos a posição certa da raquete no final da rebatida. Mas é essencial gravarmos essa imagem para que o Ser 2 a imite. Depois de gravar a imagem, pode-se também fechar os olhos e imaginar o movimento completo, com sua raquete fluindo linearmente. Então, antes de rebater a bola, movimente a raquete diversas vezes, fazendo com que ela permaneça reta, e vivencie essa nova *forma* de golpear. E, quando chegar a hora de rebater as bolas, é importante não se esforçar para manter sua raquete reta. Você já pediu para que o Ser 2 fizesse isso, então basta *deixar acontecer*!

A única obrigação do Ser 1 é ficar tranquilo e observar os resultados sem se envolver. É importante enfatizar que não se deve fazer nenhum esforço consciente para manter a raquete nivelada. E se depois de alguns golpes a raquete não corresponder à imagem que você forneceu ao Ser 2, busque visualizar o resultado novamente e deixe seu corpo movimentar a raquete, mas não tente influenciar o trabalho do Ser 2. E não faça um esforço excessivo para que esse experimento funcione, pois isso vai colocar o Ser 1 no processo, e você nunca saberá se o Ser 2 está trabalhando sozinho ou não.

DUAS EXPERIÊNCIAS

Em vez de entender a diferença entre *deixar* acontecer e *fazer* acontecer, é melhor vivenciá-la. A experiência ajuda a entender a diferença. E, para isso, podemos utilizar dois exercícios.

O primeiro consiste em tentar acertar um alvo fixo com a bola de tênis. Coloque uma lata de bolas no canto esquerdo das linhas da área de saque. Depois procure descobrir qual o movimento correto para que seu golpe acerte a lata. Pense na altura que a bola deve ser lançada, na angulação apropriada da raquete no momento do impacto, na força do golpe, e assim por diante. Mire na lata e tente acertá-la. Se errar, tente novamente. Se acertar, tente repetir o movimento que fez para tentar acertá-la novamente. Siga esse procedimento por alguns minutos e você entenderá o que quero dizer com tentar *fazer* acontecer.

Depois dessa série, mova a lata para o canto esquerdo do outro quadrado da área da saque. Para essa segunda etapa do exercício, respire profundamente algumas vezes e relaxe. Olhe para a lata. Visualize o caminho que a bola vai fazer, desde sua raquete até ela. Imagine a bola acertando a lata em cheio. Se quiser, feche os olhos e imagine-se sacando e acertando o alvo. Repita o procedimento diversas vezes. Não se preocupe se em sua mente você errar a lata; repita a visualização mental até que você a acerte. Agora, não pense no movimento de seu corpo, nem *tente* acertar o alvo. Apenas *peça* ao Ser 2 que faça o que for preciso para acertar a lata, e deixe-o agir. Não controle a situação nem tente corrigir algum vício em seu movimento. Só confie no seu corpo. Ao lançar a bola, procure se concentrar em suas costuras, e deixe que o serviço apenas aconteça.

A bola pode acertar ou não a lata. Preste atenção no local exato em que ela quicou. Procure se livrar de qualquer reação emocional, seja ela positiva ou negativa; continue ciente de seu objetivo e tenha interesse específico nos resultados da ação. Saque novamente. Se errar a lata, não fique surpreso nem tente corrigir seu erro. Isso é o mais importante. Concentre novamente sua atenção na lata e deixe que o serviço aconteça. Se você conseguir não tentar acertar o alvo, nem se corrigir, e colocar toda a sua confiança em seu corpo e em sua memória, verá que os saques começarão a melhorar naturalmente. Você perceberá que realmente existe um Ser 2 agindo e aprendendo, sem que seja necessário instruí-lo. Observe esse processo; observe seu corpo executando as mudanças necessárias para chegar cada vez mais próximo da lata. É claro que o Ser 1 é muito curioso, e vai ser difícil evitar que ele interfira um pouco. Mas procure deixá-lo quieto, e você conseguirá testemunhar o trabalho do Ser 2, e vai ficar tão impressionado quanto eu com o que ele pode fazer, sem se esforçar em excesso.

A segunda experiência que recomendo para vivenciar a realidade do Ser 2 começa com a escolha de algum detalhe que você gostaria de corrigir em seu golpe. Por exemplo, escolha um vício de movimento que você tenta corrigir, mas não consegue. Depois vá para a quadra e peça para um amigo lhe lançar uma série de vinte bolas para que você tente corrigir o vício. Diga a ele o que você está tentando corrigir e peça que observe se há alguma evolução. Faça o máximo de esforço possível; procure fazer o que sempre faz quando tenta corrigir um erro. Vivencie essa experiência. Analise seu sentimento, caso o processo não funcione. Procure também notar se você se sente estranho ou tenso durante a ação. Agora, tente colocar em prática suas correções durante uma troca de bolas e depois faça o mesmo teste durante um jogo.

Depois dessa sequência, escolha outro vício que você quer corrigir, ou utilize o mesmo problema anterior, caso ele não tenha sido corrigido pelos esforços iniciais (na verdade, prefira esta segunda opção, se possível). Peça para um amigo lhe lançar de cinco a dez bolas. Dessa vez, não tente mudar seu golpe; simplesmente *observe-o*. Não faça nenhuma análise, só preste muita atenção; perceba o movimento de sua raquete em cada rebatida. É possível que aconteçam algumas mudanças nesse simples processo de observação imparcial, mas caso a correção ainda não tenha sido satisfatória, procure "criar uma imagem da forma desejada". Mostre a você mesmo exatamente o que quer do Ser 2. Dê a ele uma clara visualização, movendo sua raquete lentamente para o ponto desejado e assista a tudo com muita atenção. Depois repita o processo, mas dessa vez *sinta* exatamente como é mover a raquete dessa nova forma.

De posse da imagem e do sentimento do novo movimento, você está pronto para rebater uma nova série de bolas. Concentre seus olhos e mente nas costuras da bola e deixe *acontecer*. *Observe* o que acontece. Uma vez mais, não analise; só observe como o Ser 2 trabalha, e se ele está próximo de fazer o que você deseja. Se sua raquete não seguiu o traçado imaginado, crie novamente a imagem e deixe o movimento acontecer novamente. Continue esse processo, e deixe o Ser 1 relaxado. Você logo perceberá que pode confiar no Ser 2. Vícios antigos podem ser corrigidos brevemente. Depois de cerca de vinte rebatidas, convide seu amigo para uma nova troca de bolas. Certifique-se de não tentar fazer com que a experiência funcione realizando um esforço excessivo para "acertar" o golpe durante a prática; continue a observar a mudança que ocorre em seu movimento. Observe sem se envolver, como se estivesse assistindo à rebatida de outro jogador. O golpe vai mudar sem esforço, em um processo suave.

Pode parecer bom demais para ser verdade, mas sugiro que tente e tire a prova você mesmo!

É importante falar mais sobre a arte de mudar os hábitos, já que essa é uma das principais razões que levam tenistas a gastar tempo e dinheiro em aulas, mas antes de nos aprofundarmos nesse tema, vamos discutir um terceiro método de comunicação com o Ser 2.

FOCO NA QUALIDADE

No último capitulo, apontamos como o processo de julgamento frequentemente se prolonga até formar uma forte imagem negativa de nós mesmos. Esse processo faz com que o tenista acredite que não é um bom jogador e comece a atuar como tal, não permitindo que suas verdadeiras qualidades apareçam de forma predominante. O jogador fica hipnotizado e age como se fosse um jogador muito pior do que aquele que realmente é. Porém, resultados interessantes podem ser alcançados nesse tipo de situação com uma simples brincadeira pouco convencional.

"O jogo da qualidade" é o nome dessa brincadeira. Para introduzir a ideia, costumo fazer o seguinte discurso: "Imagine que sou o diretor de uma série de televisão. Eu o conheço, e sei que você é um ator que joga tênis. Convido então você a atuar no papel de um jogador de tênis de sucesso. Garanto que rebatidas para fora da quadra ou na rede não serão problema, já que a câmera estará direcionada a você, e não à bola. Quero apenas que atue com gestos e maneirismos de um profissional, e que movimente sua raquete com uma suprema autoconfiança. Além disso, sua expressão deve ser segura. Você deve passar a impressão de que rebate a bola exatamente onde quer. Assuma esse papel, bata com força e ignore o destino final de suas bolas".

Quando o aluno consegue se esquecer dele mesmo e assume o papel do ator, mudanças notáveis em seu jogo começam a acontecer; com o perdão do trocadilho, as mudanças são dramáticas. E se ele consegue se manter nesse papel por algum tempo, começa a vivenciar qualidades que nunca imaginara como parte de seu repertório.

Há uma importante distinção entre esse tipo de brincadeira e o que é usualmente conhecido como pensamento positivo. Neste último, você diz a si mesmo que é tão bom quanto Steffi Graf ou Michael Chang, enquanto no primeiro, você não está tentando se convencer de que é melhor do que realmente é. Você está apenas desempenhando um papel, e durante esse processo, pode se tornar mais consciente de suas reais capacidades.

Depois de praticar tênis por cerca de um ano, a maioria dos jogadores acaba estabelecendo um padrão de jogo e dificilmente consegue mudá-lo. Alguns adotam o estilo defensivo; não lutam por todas as bolas, utilizam muito o lob, jogam a bola no fundo da quadra adversária, e raramente tentam um ataque ou ponto vencedor. O jogador defensivo espera seu oponente cometer um erro e o desgasta com uma paciência infinita. Alguns jogadores italianos especialistas em saibro são bons exemplos nesse estilo.

O estilo oposto é o ofensivo. Os jogadores desse tipo procuram a bola vencedora o tempo todo. Em todo saque, ele busca o ace, em toda devolução, uma passada. Voleios e bolas por cima da cabeça devem ser rebatidas próximas das linhas, para "matar" o ponto.

Um terceiro estilo de jogo é denominado "formal". Os jogadores dessa categoria não se importam com a direção de seus golpes, desde que eles tenham plasticidade. Eles preferem executar movimentos perfeitos a vencer uma partida.

O oposto desse último é o estilo competitivo, que vai fazer de tudo para vencer. Ele corre muito e rebate as bolas com o objetivo único de gerar dificuldade para seu oponente, explorando seus pontos fracos mentais e físicos.

Depois de traçar o perfil desses estilos para meus alunos, costumo sugerir que, como experiência, adotem um estilo que pareça ser o mais diferente de seu modo de jogar. Sugiro também que atuem como um jogador de elite, independente do estilo que tenham escolhido. Além de ser muito divertido, esse tipo de brincadeira pode aumentar de forma significativa o repertório do jogador. O jogador defensivo descobre que pode bater bolas vencedoras; o agressivo aprende a jogar com estilo. Descobri que quando os jogadores fogem de seus padrões, eles estendem os limites de seu próprio estilo e exploram aspectos subjugados de sua personalidade. Ao ganhar acesso às qualidades inerentes do Ser 2, você começa a perceber que pode fazer uso de um determinado atributo quando a situação (dentro ou fora da quadra) demandar.

Evitar julgamentos, dominar a arte de criar imagens e "deixar acontecer", são três das habilidades básicas que compõem o Jogo Interior. Antes de passarmos para a quarta e mais importante habilidade interior – a concentração – vou dedicar um capítulo para uma discussão sobre técnicas *externas* e sobre como dominar qualquer técnica sem ter de recorrer a pensamentos condenatórios e ao excesso de controle que, como já percebemos, minam as habilidade naturais do Ser 2.

DESCOBRINDO A TÉCNICA

Os capítulos anteriores enfatizaram a importância de silenciar os pensamentos da mente, deixando as autoinstruções de lado e concentrando as atenções no corpo, confiando em suas capacidades. O objetivo desses capítulos foi estabelecer a base para se aprender a técnica de maneira mais natural e eficaz. Antes de introduzir técnicas específicas de vários tipos de golpe utilizados no tênis, vamos fazer alguns comentários gerais sobre a relação entre as instruções técnicas e o processo de aprendizado do Ser 2.

Acredito que a maneira mais sensata de construir um sistema de *instruções* é pela utilização do *aprendizado natural*, um processo que conhecemos desde o nosso nascimento. Quanto menos uma instrução interferir no processo de aprendizado que já está em seu próprio DNA, maior e mais eficaz será seu progresso. Ou seja, quanto menos medo e dúvida existirem no sistema de instruçoes, mais fácil será o passo a passo em direção a um aprendizado natural. Uma forma de conhecer melhor esse aprendizado orgânico é observar como as crianças adquirem conhecimento sobre algo antes mesmo de receber qualquer instrução, ou analisar como os animais passam ensinamentos a seus filhotes.

Certa vez, eu estava passeando no zoológico de San Diego e tive a chance de observar uma mamãe hipopótamo dando a seu filhote o que parecia ser sua primeira aula de natação. No fundo de uma piscina havia um hipopótamo boiando. Somente seu nariz estava acima da superfície. Em um determinado momento ele afundou, e ficou submerso por cerca de vinte segundos. Depois, então, se apoiou nas patas traseiras e voltou com a cabeça à superfície. Próximos dele estavam a mamãe hipopótamo e seu pequeno bebê, tomando um banho de sol. Aproveitando o embalo do colega, a mamãe decidiu empurrar seu filhote para dentro da piscina. O pequeno animal caiu e logo afundou como uma pedra, e a mamãe caminhou sem pressa até a parte rasa da piscina e entrou na água. Depois de cerca de vinte segundos, ela foi ao encontro de sua cria, e começou a guiá-lo para a superfície, com a ajuda do nariz. O pequeno engasgou, respirou e afundou novamente. A mãe repetiu o processo, mas depois disso, caminhou para a parte funda da piscina, parecendo saber que seu papel naquele processo de aprendizado havia acabado. O filhote respirou e mais uma vez afundou, mas depois de algum tempo, ele se projetou em direção à superfície utilizando suas pequenas patas traseiras. O truque que acabara de aprender foi repetido diversas vezes.

Parecia que a mãe sabia exatamente quando deveria participar; quando encorajar seu filhote e quando sair de cena. Ela sabia que podia confiar no instinto do bebê depois que o "pontapé inicial" fosse dado. E embora eu não me arrisque a afirmar que um backhand cheio de efeito já esteja pronto para ser executado em sua estrutura genética, posso dizer com segurança que o processo de aprendizado que o levará até ele está sim presente, e que cada indivíduo deve reconhecer e respeitar esse processo. Tanto um professor quanto um aluno vai ter maior identidade com seu jogo e ser mais eficaz quando estiver em harmonia com esse processo.

QUAL A ORIGEM DAS INSTRUÇÕES TÉCNICAS?

O tênis foi trazido da Europa para o continente americano no fim do século XIX. Naquela época, não havia professores para ensinar o esporte. Os jogadores mais experientes transmitiam as sensações geradas pelos movimentos executados aos tenistas mais novos. Para compreender o uso adequado do conhecimento técnico ou da teoria, acredito ser importante reconhecer que, fundamentalmente, a vivência precede esses tipos de mecanismo. Podemos ler livros e revistas com instruções técnicas antes de sequer tocar em uma raquete, mas a dúvida que fica é: de onde vieram essas instruções? Será que não foram originadas a partir da experiência de alguém? Seja por acidente ou intencionalmente, alguém rebateu a bola de uma determinada maneira, e a sensação e o resultado foram bons. Pela experimentação, esse golpe foi gradualmente refinado e enfim considerado ideal.

E possivelmente com o objetivo de repetir esse golpe ideal e passar suas instruções para outras pessoas, alguém tentou descrevê-lo com palavras. Mas a linguagem não *representa* a ação, as ideias e a vivência com eficácia. Ela pode, no máximo, indicar sutilmente toda a complexidade contida em um golpe. Embora a instrução construída possa ser armazenada na parte do cérebro que trabalha com a linguagem, deve-se ter ciência de que se lembrar de uma instrução não é a mesma coisa que se lembrar de um golpe propriamente dito.

Obviamente, é conveniente pensar que ao receber uma instrução detalhada – "bater de baixo para cima", por exemplo – seremos capazes de rebater um backhand cheio de efeito repetidas vezes. Preferimos confiar no processo conceitual de aprendizado do Ser 1 a confiar no aprendizado a partir da vivência do Ser 2. Acreditamos que conseguimos um bom golpe porque seguimos determinadas instruções, ignorando o papel do Ser 2, e acabamos frustrados quando seguimos novamente a mesma instrução e o golpe não sai da mesma forma. Pelo fato de aceitarmos aquela instrução como correta, chegamos à conclusão de que não a executamos com perfeição, e por isso erramos. E assim ficamos nervosos, fazemos autocríticas, consideramo-nos estúpidos e culpados pelo erro.

Mas talvez o erro tenha sido não confiar o suficiente no Ser 2 e deixar o Ser 1 assumir o controle. É como se fôssemos uma máquina obediente em vez de um ser humano. Como consequência, acabamos perdendo o acesso direto à memória muscular que carrega um conhecimento mais completo sobre uma ação desejada. Nossa sociedade tornou-se extremamente orientada pela linguagem. Ela representa a verdade. E, por isso, podemos perder nossa habilidade de vivenciar um golpe, ou de lembrar naturalmente como ele é. Acredito que esse tipo de vivência e memória é fundamental para provar nossa confiança no Ser 2, e sem isso não se pode sustentar a excelência em uma determinada habilidade.

Quando se passa uma instrução verbal a uma pessoa que não tem em seu banco de memória a ação descrita, não existe uma conexão entre sua mente e a instrução. Há então uma separação completa entre a teoria e a ação. (Lembro-me das frases do poema "Os homens ocos", de T. S. Eliot: "Entre a ideia/E a realidade/Entre o movimento/E a ação/Tomba a Sombra".)

E quando começamos a usar as instruções para julgar os nossos golpes em vez de aprender com as lições da experiência, aumentamos a lacuna entre a vivência e a teoria cada vez mais. Se utilizada conceitualmente, na forma de "você deve" ou "não deve", a instrução coloca medo no Ser 2 e inibe seu conhecimento intuitivo sobre a ação. Muitas vezes deparo com alunos que têm ótimos golpes, mas reclamam por achar que estão fazendo algo "errado". Na tentativa de aproximar seus fundamentos ao que conceitualmente se julga "certo", eles mudam o golpe e acabam perdendo potência e consistência, além é claro da naturalidade.

Em resumo, se perdermos a habilidade de sentir nossas ações, acreditando cegamente nas instruções, podemos comprometer nosso canal de acesso com o processo de aprendizado natural e nossa capacidade de desempenhá-lo. De maneira inversa, se rebatemos a bola confiando nos instintos do Ser 2, reforçamos o caminho natural e simples que leva a um golpe excelente.

Embora esse tema tenha sido abordado apenas teoricamente até agora, o departamento de ciências esportivas da Associação de Tênis dos Estados Unidos (assim como a grande maioria dos tenistas) confirmou recentemente suas premissas: o excesso de instruções verbais, sejam elas do próprio jogador ou de outra pessoa, interferem na habilidade de execução de um golpe. É também normal que as instruções verbais dadas a dez pessoas diferentes sejam entendidas de dez formas diferentes. Além disso, o excesso de esforço em executar uma única instrução que não foi bem entendida pode deixar o movimento estranho e tenso, inibindo sua excelência.

Nos capítulos anteriores, expliquei que se pode adquirir muito conhecimento técnico por meio de um aprendizado natural, observando com atenção o corpo, a raquete e a bola durante a prática. Quanto mais consciência tivermos de uma determinada ação, mais aprenderemos com ela, e mais naturalmente vamos descobrir a técnica que funciona melhor para um determinado jogador, seja qual for seu estágio de desenvolvimento. Ou seja, não há como substituir o aprendizado baseado na vivência. Porém, mesmo tendo essa habilidade de aprender as coisas naturalmente, muitos de nós já a esquecemos e perdemos o contato com o processo de sentir. É necessário restabelecer o processo de sentir e aprender de maneira orgânica. Cabem aqui os conhecidos dizeres de um velho mestre: "Nenhum professor é maior do que sua própria experiência".

COMO FAZER BOM USO DAS INSTRUÇÕES TÉCNICAS

Resta saber como a maior vivência de uma pessoa pode ajudar um jogador menos experiente. A resposta simples é que uma instrução válida, vinda da experiência de outra pessoa, ajuda quando *guia* o aluno em direção à sua própria descoberta experimental para um determinado golpe. Do ponto de vista do aluno, o desafio está em saber ouvir as instruções técnicas e usá-las sem cair nas armadilhas de julgamento, dúvida e medo do Ser 1. Já para o instrutor ou para o técnico, a questão principal é como dar as instruções de forma a ajudar o processo de aprendizado natural e não interferir em sua evolução. Quando se ganha um maior entendimento dessas tarefas, é possível utilizá-las em diversos domínios, muito além do tênis.

Vamos começar com uma instrução muito simples e comum utilizada por diversos instrutores: "Mantenha seu pulso firme ao bater o backhand". É bem provável que essa instrução tenha sido originada de uma observação cuidadosa sobre a relativa consistência e potência de um backhand com o pulso firme, em comparação com o golpe dado com o pulso solto e flexível. Mesmo que pareça óbvia, vamos analisar a instrução antes de aceitá-la como um dogma. É possível rebater um backhand com o pulso tão solto a ponto de se perder o controle do golpe? Provavelmente sim. Mas é possível também exagerar na firmeza, e errar o golpe por causa disso? Nesse caso, a resposta também é positiva. Portanto, embora a instrução pareça ser muito útil, não se pode obter sucesso simplesmente por "obedecer a ela". Em vez disso, você usa a instrução para *guiar sua busca* pela firmeza ideal para seu pulso no golpe. E isso é feito pela atenção que você dedica à sensação que seu pulso experimenta durante a execução do golpe. Não é necessário traduzir em palavras. Você vai rebater algumas bolas com o pulso solto, outras com o pulso muito tenso e depois de alguns testes vai encontrar a firmeza ideal para você e estabelecê-la como seu padrão. É claro que a medida exata da firmeza que você julga ideal para seu golpe não pode ser traduzida em palavras; você apenas lembra dela por intermédio do que sente.

É totalmente diferente de *obedecer* a uma instrução. Se acredito no dogma que manda manter o "pulso firme", e de fato meu pulso está muito solto, devo perceber uma melhora logo nos meus primeiros golpes. E então penso: "Pulso firme é bom". Nos golpes subsequentes, digo a mim mesmo que meu pulso tem de estar firme. Mas eu já havia ajustado a força correta antes, e agora acabo exagerando na firmeza. Logo percebo que o excesso de força está tensionando meu braço, meu pescoço e todo o meu rosto! Mas continuo obedecendo à instrução, então qual é o problema? Alguém me diz para relaxar. Mas qual o nível exato de relaxamento? Começo a me ajustar na outra direção, e acabo com o pulso frouxo demais.

A verdadeira utilidade do conhecimento técnico é, portanto, oferecer uma direção que nos ajude a alcançar o objetivo desejado. Essa direção pode ser dada verbalmente ou demonstrada durante uma ação, mas deve ser compreendida como uma aproximação do *objetivo*, que será alcançado depois, quando o jogador prestar atenção em seus golpes e sentir qual a melhor maneira de executá-los. Para passar uma instrução como "mova a raquete de baixo para cima para produzir efeito" e evitar que o Ser 1 assuma o controle, deve-se antes demonstrar ao aluno, movimentando seu braço e sua raquete, a imagem que as palavras vão tentar traduzir. Depois diga: "Não se esforce para fazer esse movimento, só observe se sua raquete está indo de baixo para cima, de cima para baixo, ou se está ficando reta". Depois de alguns golpes executados da maneira correta, procure concentrar a atenção de seu aluno nesse movimento de baixo para cima em mais alguns golpes. Dessa forma, ele vai vivenciar a relação entre a proporção da elevação da raquete e a quantidade de efeito gerado, e será capaz de explorar as possibilidades de variação e descobrir o que funciona melhor para ele, sem ficar restrito pela ideia de que deve haver uma maneira correta específica a ser seguida.

Se você pedir a diversos instrutores de tênis que escrevam os elementos mais importantes que constituem um forehand, a maioria deles vai lhe fornecer uma lista com cerca de cinquenta itens, divididos em categorias, sem maiores dificuldades. Imagine o desafio que o aluno terá em lidar com esse complexo sistema. Não é por acaso que muitos ficam inseguros! Por outro lado, é bem mais fácil compreender o movimento e se lembrar de qual é a sensação de executá-lo. É como memorizar uma fotografia. A mente tem essa capacidade e também consegue reconhecer quando um elemento da fotografia está um pouco diferente. Outra vantagem de utilizar a consciência para "descobrir a técnica" é que fica mais fácil evitar os aspectos controladores e críticos do Ser 1, que sempre vai preferir fórmulas a sentimentos.

O restante deste capítulo oferecerá algumas instruções técnicas que podem ajudá-lo a descobrir a maneira mais eficaz de executar cada um dos diversos tipos de golpes do tênis. A ideia não é passar todas as instruções necessárias para uma execução perfeita, mas sim fornecer apenas o suficiente para que se entenda como fazer uso de qualquer instrução técnica de qualquer fonte. Ela deve ser o meio pelo qual você descobrirá *seu* golpe ideal.

Antes de começar, vamos simplificar os requisitos externos do tênis. O tenista precisa preencher apenas dois requisitos para ser bem-sucedido: bater a bola por cima da rede e dentro da quadra adversária. Quando buscamos a melhoria de nossos golpes pela técnica, estamos na verdade tentando preencher estes requisitos com consistência e eficácia suficientes para colocar nosso oponente em dificuldade. Ou seja, precisamos apenas analisar o que precisa ser feito para que nosso forehand e nosso backhand passe por cima da rede e quique dentro da quadra. É interessante notar nas próximas páginas que as técnicas consideradas mais apropriadas vêm mudando consideravelmente com o passar dos anos. Em outras palavras, os dogmas caem.

BOLA DE FUNDO DE QUADRA *(GROUNDSTROKE)*

EMPUNHADURA

Quando perguntamos a um tenista por que ele segura a raquete em uma posição quando faz o forehand, e em outra posição quando faz o backhand, provavelmente ele nos dirá que leu em um livro ou em uma revista, ou ainda que um professor lhe ensinou. Embora a instrução pareça ser "correta", fica difícil entender o ajuste da empunhadura sem vivenciar os golpes, e o aluno nunca vai conseguir descobrir a posição que melhor lhe serve se não experimentar.

Muitas informações sobre a empunhadura estão disponíveis na literatura técnica. Um dos motivos que leva o tenista a mudar a posição da mão em cada golpe é a tentativa de melhorar o encaixe entre a mão e a raquete. Mas uma mão nunca é igual a outra, e a posição exata da empunhadura deve ser ajustada de acordo com a mão de cada indivíduo para que o suporte e o ângulo da raquete sejam ideais.

O mesmo raciocínio vale para a força com a qual você segura a raquete.

Agora tente traduzir o uso adequado da força em palavras! A tentativa mais bem-sucedida que encontrei foi uma instrução sobre esgrima, dada por Cyrano de Bergerac: "Segure o florete como um pássaro: não tão solto que permita a ele voar, mas não tão apertado que o mate sufocado". É uma metáfora interessante. Mas, na verdade, a única forma de descobrir a pressão ideal a ser aplicada no cabo da raquete é pela vivência. Somente durante a ação é que se pode identificar o que é confortável e eficiente na execução do golpe.

Aqueles que acompanham a evolução da empunhadura "correta" ao longo dos anos devem ter percebido a dominância de um tipo de posição denominada *eastern grip* para o forehand (como se fosse dar um aperto de mãos, o dedão formando um V e o indicador mais alto na raquete, afastado dos outros dedos). Embora esta seja a empunhadura considerada oficial pela Associação de Tênis dos Estados Unidos, muitos tenistas a abandonaram e utilizam agora a *semi-western grip* (para destros, um giro de raquete de aproximadamente um quarto de volta para o lado direito em relação à posição anterior). E como esses tenistas chegaram a essa mudança? E por que optaram por ela? Será que eles *descobriram* a nova posição e a vivência demonstrou que seu uso era o mais indicado? Eles romperam com um dogma, não porque ele estava errado, mas porque acharam algo melhor para eles.

JOGO DE PERNAS

O jogo de pernas é um fundamento essencial para uma execução bem-sucedida de qualquer golpe no tênis. Ele é a base que sustenta o movimento do corpo durante o golpe. Há muita literatura técnica sobre este tema, e não é difícil cair na armadilha de obedecer cegamente às infinitas instruções e acabar movendo os pés de maneira confusa e desengonçada. Nossa abordagem será diferente.

A técnica do jogo de pernas mais utilizada e ensinada pelos professores para a execução de um backhand mudou muito pouco nos últimos vinte anos. Para tenistas destros, a instrução é a seguinte: "Faça o golpe com seu pé em movimento, na direção da bola. Forme um ângulo de cerca de 45 graus para rebater. Separe os pés de maneira confortável". É comum também ouvir que "caso seus pés estejam muito próximos um do outro, perde-se o equilíbrio", e que "o peso do corpo deve ser transferido do pé de trás para o pé da frente no momento em que você bater a bola".

Vamos supor que essas instruções podem nos guiar no aprendizado da técnica do jogo de pernas. Resta agora saber a melhor forma de utilizá-las. Em primeiro lugar, devemos resistir à tentação de obedecer a elas cegamente, e iniciar o exercício pela observação atenta de seu próprio jogo de pernas e de como ele desempenha o trabalho de *transferência* de peso no movimento. Sem fazer nenhuma mudança consciente em sua distribuição de peso, observe como ela ocorre. Continue a observação e perceba que possivelmente ocorrerão algumas mudanças automaticamente, se forem de fato necessárias. Deixe o Ser 2 experimentar até que ele descubra como se sente melhor.

Podemos utilizar o mesmo método para descobrir o ângulo adequado do corpo no momento do golpe. Cientes de que o ângulo de 45 graus é o recomendado, podemos simplesmente observar o ângulo formado pelo seu pé durante a aproximação para o golpe. Caso seu pé esteja formando um ângulo maior ou menor do que a referência recomendada, não faça nenhuma mudança forçada. Deixe que o Ser 2 encontre o ângulo mais confortável para ele. Você pede, ele executa. Esteja preparado para talvez perceber que a posição ideal para o Ser 2 não é a recomendada pela instrução. E esse mesmo raciocínio pode também ser utilizado para a execução do forehand.

Diferentemente do backhand, o trabalho de pernas considerado correto para o forehand mudou drasticamente nos últimos vinte anos. Quando a primeira edição deste livro foi publicada, era comum afirmar que o jogo de pernas do forehand devia ser parecido com o do backhand, mas que a aproximação deveria ser feita com o outro pé, nos mesmos 45 graus de angulação. E foi assim que aprendi, há cerca de 50 anos. Na verdade, quando aprendi, os passos do jogo de pernas eram pintados em um tapete preto de borracha. Para aprender o jogo de pernas correto para o forehand, eu tinha de posicionar meus pés dentro das indicações pintadas no tapete, e repetir o movimento inúmeras vezes, até que conseguisse executá-lo sem olhar para as marcas. Feito isso, testava o movimento em quadra. Se não conseguisse reproduzir os exatos movimentos, recebia novas instruções do professor.

Hoje em dia existem duas novas alternativas bem aceitas de jogo de pernas para o forehand. Uma delas é chamada de "postura aberta", ou *open stance*, e foi descoberta e propagada por tenistas especialistas em saibro. Nesse movimento, o peso do corpo é concentrado no pé de trás, e não é transferido para o pé da frente. Em vez de caminhar em direção à bola com o pé esquerdo, o tenista caminha na horizontal, paralelo à linha de fundo, com o pé direito em uma angulação de quase 180 graus. Ele gira os ombros, rotaciona o quadril e "desenrola" o golpe, lembrando o movimento de um saca-rolhas. É mais fácil observar do que explicar. A postura aberta demonstrou-se eficaz nas quadras de saibro e depois foi adotada por muitos jogadores para quadras duras e de grama. Ela faz com que o golpe tenha mais efeito e possibilita um retorno mais rápido ao centro da quadra, já que não é necessário levar o pé esquerdo à frente para finalizar o movimento. Essa nova postura foi muito interessante para mim, já que, em minha época de aluno, fui advertido diversas vezes por fazer esse movimento. Na época, esse jogo de pernas ainda não era "aprovado".

Aprender o jogo de pernas para o forehand de postura aberta, junto com todos os demais elementos que compõem o movimento, não é uma tarefa fácil. Principalmente se for ensinada por meio de instruções isoladas e depois reagrupadas como um processo único. Contudo, fica mais fácil aprender se observarmos alguém que sabe executar bem o golpe, sem prestar muita atenção aos detalhes do movimento. Procure observar a ação como um todo, livre de qualquer julgamento, sem se preocupar com resultados, até que você consiga sentir o movimento completo. Continue isolando sua mente dos detalhes, deixe-os para depois. Quando se sentir pronto, escolha um detalhe do movimento para concentrar seu foco: giro do quadril, posição dos ombros, direção dos braços etc. Observe cada um desses itens isoladamente, assim como fez com a distribuição de peso sobre os pés na execução do backhand. Não faça esforço consciente para seguir algum padrão preestabelecido, descubra a forma mais confortável e eficaz para seu corpo executar a ação.

Dominar a execução do forehand de postura aberta não significa que você tenha de usá-lo sempre. Nem adotá-lo como padrão de golpe. A outra técnica de execução do forehand é a de "postura semiaberta", ou *semi-open stance*. Nesse movimento, o ângulo entre os pés e a linha de fundo é de 90 a 100 graus. É claramente um meio-termo entre o trabalho de pernas tradicional e o do forehand de postura aberta e, por consequência, cada um deles oferece algumas vantagens. Você pode dominar a execução dos três movimentos e usá-los conforme sua necessidade. Mas lembre-se de que a escolha é sua, e em vez de tentar se adequar aos modelos preestabelecidos para cada golpe, você deve adaptar os modelos ao seu jogo para descobrir e desenvolver as habilidades que você deseja. Do contrário, seu potencial como jogador e aprendiz será diminuído.

Quando se aprende a utilizar a atenção dedicada para aprender qualquer aspecto técnico do jogo, com ou sem o auxílio das instruções técnicas, fica fácil descobrir pequenos detalhes da ação para focar sua atenção e usar o processo para aprender com a vivência. Alguns aspectos que podem ser utilizados para focar a atenção estão listados a seguir. Contudo, é sempre possível listar novas instruções, vindas de revistas ou livros de tênis, desde que nos ajudem a manter a concentração.

CHECK-LIST PARA BATER UMA BOLA DE FUNDO DE QUADRA

1. *Backswing* (recuo da raquete) – Onde exatamente está a cabeça da raquete quando ela está totalmente recuada? Onde está a bola quando inicio o movimento de recuo? O que acontece com a face da raquete durante o movimento de recuo?
2. *Impacto* – Consigo sentir em que ponto da raquete a bola está batendo? Como está minha distribuição de peso? Qual o ângulo da raquete no momento do impacto? Por quanto tempo posso sentir a bola em contato com a raquete? Até que ponto consigo sentir o efeito aplicado na bola ao executar o golpe? O golpe está sólido? Sinto muita vibração na raquete ao executar o golpe? Qual a posição da raquete em relação a meu corpo no momento do impacto?
3. *Follow-through* (finalização) – Onde está sua raquete no fim do movimento? Em qual direção? O que aconteceu com a face da raquete depois do impacto? Alguma hesitação ou dúvida durante a finalização do movimento?
4. *Jogo de pernas* – Como está a distribuição do peso durante a preparação do golpe e no momento do impacto? Como está o seu equilíbrio durante o golpe? Quantos passos você deu para chegar

até a bola? Qual a amplitude dos passos? Quais os ruídos feitos por seus pés durante a movimentação na quadra? Quando a bola se aproxima, você recua, avança ou fica no mesmo lugar? Você está com a base sólida durante a rebatida?

SAQUE

O saque é o golpe mais complexo do tênis. Nele, ambos os braços têm de trabalhar, e o braço que vai efetuar o golpe tem de mover o ombro, o cotovelo e o pulso ao mesmo tempo. Os movimentos do saque são muito complicados para o Ser 1, que não é capaz de memorizar as diversas instruções que compõem o golpe. Mas se deixarmos o Ser 2 aprender a sacar com a atenção concentrada em cada elemento do golpe, e no movimento como um todo, é possível aprendê-lo com certa facilidade.

ONDE CONCENTRAR A ATENÇÃO DURANTE O SAQUE

Existem alguns pontos específicos que podem servir como foco na prática do saque. Lembre-se de que o objetivo principal ainda é o mesmo, bater por cima da rede, com potência, acurácia e consistência. A seguir, algumas variáveis que devem ser consideradas:

TOSS (lançamento da bola ao ar)
- Lanço a bola a que altura?
- Deixo a bola cair? Quanto?
- Tendo como referência o pé de apoio do saque, jogo a bola para a frente, para trás, para a direita ou esquerda?

EQUILÍBRIO
- Sinto falta de equilíbrio em algum momento durante o saque?
- Qual a direção do meu corpo na finalização do movimento?
- Como está a distribuição do peso durante o saque?

RITMO
- Observe o ritmo de seu saque. Cadencie o ritmo de seu movimento, como se estivesse contando o tempo de uma música: "da... da... da." Cada "da" indica uma etapa: início do movimento, lançamento, posicionamento da raquete e contato. Sinta o ritmo e faça os ajustes até que você encontre o melhor para você.

POSIÇÃO DA RAQUETE E FIRMEZA DO PULSO
- Onde está sua raquete antes de iniciar o movimento em direção à bola?
- Sua raquete se aproxima da bola pelo lado direito ou esquerdo? Ela bate chapada na bola? Ou lateralmente?
- Como está a tensão de seu pulso durante o impacto?
- Em que estágio do movimento seu pulso começa a relaxar?

POTÊNCIA

Um saque potente é objeto de desejo de todo tenista. E, talvez por isso, muitos jogadores cometem o erro de exagerar no esforço ao tentar obtê-lo, tensionando demais os músculos do pulso e do braço. Ironicamente, o excesso de força aplicada a esses músculos gera um efeito contrário na potência do golpe. Ele fica menos potente, já que o cotovelo e o pulso perdem a naturalidade do movimento. Portanto, o mais importante é, mais uma vez, *observar* a firmeza de seus músculos e encontrar a tensão correta com a experimentação.

Seu instrutor pode ajudá-lo a encontrar o melhor ponto para concentrar seu foco, de acordo com seu estágio de evolução técnica. Aproveite essa informação e comece a explorar sua própria vivência. Dessa forma, seu aprendizado será orgânico e eficaz.

Além de o aprendizado individual ser sempre mais eficaz, não existe uma maneira de sacar que seja a melhor para todos. Se houvesse, por que os grandes sacadores teriam estilos diferentes? Cada tenista tem seu aprendizado técnico e, depois disso, desenvolve uma maneira particular de sacar, de acordo com seu corpo, habilidade e até traços de personalidade. E o processo não para de evoluir. Apesar da inegável contribuição que outros jogadores e treinadores têm na evolução do serviço de um determinado tenista, o desenvolvimento primordial acontece dentro dele mesmo, pelo simples processo de sentir o que parece confortável e o que gera melhores resultados.

Assim como outros tipos de golpes praticados no tênis, o movimento tradicional do saque é constantemente questionado por profissionais do esporte. Quando aprendi a sacar, há cerca de cinquenta anos, meu instrutor, o especialista John Gardiner, ensinou-me o movimento vigente na época. Para que os braços se movimentassem juntos, nós utilizávamos um mantra: "juntos para baixo, juntos para cima, bata". Isso significava que tanto o braço que lançava a bola quanto o que batia, iam para baixo juntos. Depois, levantava-se um braço para lançar a bola, e ao mesmo tempo, erguia-se o outro, que ficava dobrado atrás da cabeça, pronto para a execução do golpe. De acordo com a altura em que a bola fora lançada, o braço se movimentava para atingi-la, de forma que ficasse totalmente estendido no momento do impacto, e seguia em movimento até ultrapassar a linha dos pés. Esse movimento foi o mais utilizado por cerca de cinquenta anos.

Há pouco tempo, enquanto escrevia uma reedição deste capítulo sobre saque, li um artigo em uma revista especializada que apontava que os melhores sacadores do circuito na época, dentre eles Steffi Graf, Todd Martin, Pete Sampras, Mark Philippoussis e Goran Ivanisevic, já não utilizavam o método "juntos para baixo, juntos para cima". Logo, tomando a maneira tradicional como a "correta", esses tenistas de elite estavam sacando "errado".

O artigo era intitulado "Braços alternados para o saque" e o autor explicava que quando o braço que realiza o lançamento da bola estiver totalmente estendido, o braço que executa o golpe deve estar ainda abaixado.

Para ter o serviço igual a esses profissionais, a instrução ao jogador é: "Eleve o braço que lança a bola; baixe o outro braço". E a explicação continua:

> A velha técnica do "juntos para cima", que parece ter mais ritmo, impede o aumento da potência em determinados casos, porque força o braço que segura a raquete a pausar o movimento quando chega na altura das costas, e acaba com a fluidez do golpe.

As fotografias desses tenistas no momento do saque mostram claramente que o movimento é bem diferente. E o artigo ainda acrescenta:

> "O mais importante é perceber que esses jogadores têm o cuidado de manter o braço que vai executar o golpe com a palma da mão virada para baixo, voltada para o chão, enquanto a bola é lançada pelo outro braço... Isso é necessário para que se consiga o 'efeito laço' no serviço, em que a raquete é velozmente elevada sobre a cabeça com um movimento circular que passa pelas costas e depois encontra a bola."

Costumo utilizar essas instruções como exemplo por dois motivos: primeiramente para mostrar que os padrões mudam, e que as pessoas que os mudam são as que têm a coragem de testar coisas novas, fora dos limites da doutrina vigente, e confiam no próprio processo de aprendizado. O segundo motivo é mostrar que até a maneira que aceitamos e realizamos uma mudança precisa mudar. Quando leio as instruções anteriores sobre o método dos braços alternados, surgem diversas dúvidas em minha mente. Será que entendi corretamente o significado de termos como "efeito laço" ou "braço que vai executar o golpe com a palma da mão voltada para o chão"? A dúvida seguinte que me ocorre é que, mesmo que tenha entendido as instruções, será que consigo executá-las? Então, começo a pensar se serei capaz de me livrar de meu "modo antigo" de sacar, que treinei e aperfeiçoei por anos. E, por fim, questiono a mim mesmo se só porque esse novo método é eficaz para os profissionais de elite ele será o melhor para mim.

Então, como podemos nos beneficiar de um artigo que está de fato nos apresentando uma nova descoberta sobre o mecanismo do saque? Em primeiro lugar, deve-se esclarecer internamente o *porquê* de seu desejo em realizar uma mudança. Dizer que os profissionais fazem assim, ou que esse saque é a nova tendência, não é motivo suficiente. Mas se você acredita que pode aumentar a potência de seu serviço com essa mudança, o esforço pode ser válido. Esse primeiro passo, que busca definir o seu real objetivo, é crítico para que o controle do processo de aprendizado seja mantido no lugar certo: dentro de você.

Depois de ler o artigo ou observar alguns tenistas utilizando esse novo método, procure evitar o julgamento antecipado de que esse saque é o "certo" para você. Deixe que o Ser 2 observe os pontos interessantes e ignore os comentários do Ser 1, que tentará construir pequenas fórmulas para "facilitar" seu aprendizado. Enquanto observa, perceba que alguns detalhes vão se destacar espontaneamente. Deixe que o Ser 2 concentre sua atenção nesses elementos e foque sua inteligência em experimentos com eles.

COMO OBSERVAR OS PROFISSIONAIS

Quando eu era criança, jogava futebol americano. Lembro-me de notar que jogava melhor quando chegava a casa depois de assistir a um jogo do San Francisco 49ers com meu pai. Embora não tivesse estudado a técnica de passe de Frankie Albert, sabia que tinha aprendido algo, e aquilo fazia diferença em meu jogo. Acredito que muitos de vocês já viveram experiências parecidas.

Embora seja óbvio o fato de que podemos aprender muito ao assistir a jogadores de elite, temos de aprender como observá-los. O melhor método é simplesmente olhar, e não pensar que seus golpes deveriam ser iguais aos dele. Querer que um iniciante repita os movimentos de um profissional é o mesmo que forçar um bebê a andar antes mesmo de ele ter engatinhado. Formular uma técnica enquanto assiste ao tenista profissional, ou imitar todos os detalhes de seu movimento são erros comuns, que podem prejudicar o processo de aprendizado natural.

Em vez disso, procure prestar atenção a um detalhe específico que chame sua atenção no jogo do profissional que está observando. O Ser 2 captura elementos do golpe de forma automática, e se recorda apenas do que for útil. A cada novo movimento, avalie como se sente e qual a eficácia do golpe. Deixe que o processo natural de aprendizado o conduza em direção ao melhor golpe. Não se esforce para fazer mudanças. Permita que o Ser 2 "brinque" enquanto busca novas possibilidades para seu golpe. Nesse processo, ele vai resgatar e utilizar as "dicas" armazenadas durante a observação do tenista profissional.

Tomando como base a minha experiência e a daqueles com quem trabalhei, é correto afirmar que o Ser 2 possui ótimos instintos em descobrir qual o elemento específico que deve ser trabalhado em seu golpe. Ao aprender assistindo aos profissionais, uma ideia interessante é alternar a observação com a experimentação na quadra, até que você conquiste confiança na técnica de golpe em que está trabalhando.

Com a metodologia do Jogo Interior, a autoridade do processo fica dentro do indivíduo, seja na observação externa (ou na recapitulação da instrução externa) ou no foco sobre os detalhes do movimento. Nenhum julgamento é necessário no processo. Caso perceba diferença entre seu golpe e o modelo exterior, apenas constate sua existência e continue a observar, sinta seus movimentos e confira os resultados. A mentalidade que deve prevalecer é a da liberdade para buscar o que é mais confortável e eficaz para você.

Em resumo, acredito que alguém que já descobriu como executar o melhor golpe, *pode* ajudar você a encontrar o seu. Conhecer as técnicas utilizadas por outros profissionais pode ajudar na busca da técnica mais indicada para seu jogo. Mas é perigoso considerar certo ou errado um determinado tipo de golpe, executado ou instruído por outra pessoa. O Ser 1 costuma se interessar por fórmulas que determinam para onde e em que momento a raquete deve se movimentar. Ele gosta da sensação de controle que instruções específicas lhe proporcionam. Mas o Ser 2 gosta de ver o movimento por inteiro, e com fluência. O Jogo Interior procura encorajar o atleta a construir um contato intenso com o Ser 2 e a utilizar o processo de aprendizado que cada indivíduo já tem desde que nasce. Dessa forma, o jogador evita a necessidade de se esforçar em excesso para seguir algum modelo exterior. Use esses modelos para seu aprendizado, mas não deixe que eles usem você. O aprendizado natural é, e sempre será, de dentro para fora, e não o contrário. *Você* é o aluno, e quem comanda o processo de aprendizado é o seu ser interior.

Um dos pontos interessantes desse método é que seu usuário, seja ele instrutor ou aluno, não precisa realizar esforço para se adequar a um modelo exterior que pode estar em evidência naquele momento. Em vez disso, ele utiliza esse modelo para a evolução natural na busca da excelência do golpe. Depois de uma aula sobre o Jogo Interior, um aluno pode constatar que: "O que considero ser um movimento com técnica correta pode mudar de um dia para o outro. Meu modelo é destruído e reconstruído de acordo com a evolução de meu aprendizado. Minha técnica está sempre evoluindo". A natureza do Ser 2 é se desenvolver a cada nova chance que lhe é oferecida. E conforme sua técnica evolui, melhora também sua capacidade de aprender, fazendo com que você seja capaz de realizar grandes mudanças em curtos períodos de tempo. Ao descobrir as capacidades do Ser 2, melhoram tanto os seus golpes quanto sua capacidade de aprender qualquer coisa nova.

A tabela a seguir nos ajuda a tirar proveito de diversos tipos de golpe por intermédio de instruções específicas, que podem ser observadas em um jogo profissional, lidas em uma revista de tênis e posteriormente praticadas individualmente para o desenvolvimento da técnica que melhor lhe serve. A dica é observar o maior número de golpes possível, até que o Ser 2 se sinta confortável para experimentar e estabelecer seu golpe favorito. Caso você tenha um instrutor, deixe que ele passe as instruções, mas mantenha o Ser 2 no controle, porque ele é a maior fonte de recursos para seu jogo.

GOLPE	INSTRUÇÃO TÉCNICA	FOCO PARA A PRÁTICA
BOLA DE FUNDO	Finalização com o braço no nível do ombro.	Preste atenção na posição do seu braço em relação a seu ombro.
	Antecipe o recuo da raquete	Observe a posição de sua raquete no quique da bola.
	Abaixe-se para rebater a bola.	Sinta o joelho dobrando nos próximos dez golpes.
	Recue a raquete abaixo do nível da bola para fazer um golpe com efeito.	Preste atenção na altura da raquete no momento do impacto com a bola. Sinta o contato e perceba o efeito da bola.
	Rebata a bola no centro da raquete.	Sinta (sem olhar) em que ponto da raquete a bola faz contato.
	Fixe o pé traseiro para estabelecer a base para o golpe.	Note a quantidade de peso que você apoia no pé traseiro quando vai executar o golpe.

GOLPE	INSTRUÇÃO TÉCNICA	FOCO PARA A PRÁTICA
VOLEIO	Acerte a bola na frente do seu corpo.	Note onde você faz o contato da raquete com a bola.
	Faça o voleio profundo, próximo do fundo de quadra do adversário.	Observe em que ponto da quadra adversária seu voleio está quicando.
	Não recue a raquete. Faça o golpe curto.	Quanto você está recuando a raquete? Qual o mínimo recuo possível? Quanto se deve afastar a raquete para que o golpe seja curto e eficaz?
	Procure sempre rebater a bola antes que ela fique abaixo do nível da rede.	Concentre-se no espaço entre a bola e a parte superior da rede.
SAQUE	Bata na bola com seu braço estendido.	Perceba quanto seu cotovelo está dobrado no momento do impacto.
	Lance a bola na altura que corresponde a seu braço estendido com a raquete, e cerca de vinte centímetros a frente de seu pé.	Observe a altura do lançamento da bola. Deixe-a cair e perceba a que distância ela quicou em relação a seu pé.

MUDANDO HÁBITOS

O capítulo anterior deve ter lhe dado algumas ideias de como mudar seus golpes no tênis. Agora, neste capítulo, o objetivo é utilizar o método do Jogo Interior para colocar em prática as mudanças que você busca, fazendo com que elas se tornem naturalmente parte de seu jogo. As dicas estão por toda parte e podem ser boas ou ruins. O problema é encontrar uma maneira eficaz de fazer uso dessas dicas para substituir um comportamento antigo por outro novo. O processo de mudança de hábito é um dos mais complexos para um jogador. Depois que se aprende esse processo, fica fácil escolher um costume específico e mudá-lo. Ou seja, depois que se aprende a aprender, basta aprender o que vale a pena.

De forma resumida, as linhas a seguir descrevem o que pode ser chamado de um novo método de aprendizado. Na verdade, ele não tem nada de novo; trata-se do método mais antigo e natural de aprender, que ignora as técnicas artificiais que acumulamos durante nossa vida. Por que uma criança aprende outro idioma tão facilmente? Simplesmente porque ela não sabe como interferir em seu processo natural e orgânico de aprendizado. O método de aprendizado do Jogo Interior é um retorno a esta abordagem infantil.

Quando falo em "aprender", não me refiro a acumular informação, mas sim em realizar algo que pode mudar o comportamento de um determinado indivíduo – seja o comportamento exterior, como um golpe de tênis, ou o interior, como um padrão de raciocínio. Todos nós desenvolvemos padrões na maneira de agir e pensar, e esses padrões existem porque exercem alguma função. O momento de mudar um padrão ocorre quando percebemos que a função poderia ser exercida de uma maneira mais eficaz. Tomemos como exemplo o hábito de girar a raquete depois de se executar um forehand. Ele existe porque o tenista quer evitar que sua bola fique longa demais e caia fora da quadra adversária. Porém, quando o jogador percebe que se fizer um bom uso do efeito em seu golpe, pode obter o resultado desejado, sem correr o risco de errar na finalização, chegou a hora de mudar o antigo hábito.

É mais difícil se livrar de um hábito quando não se tem um substituto adequado para ele. É o tipo de dificuldade que ocorre quando nos tornamos moralistas em relação ao nosso jogo. Se um jogador lê em um livro que é errado girar a raquete depois do golpe, mas não sabe o que fazer para mudar esse hábito, vai ter sérias dificuldades para manter sua raquete reta, pois vai perceber que isso faz sua bola quicar fora da quadra do adversário. Quando esse jogador for disputar uma partida, vai voltar a fazer o golpe da maneira que lhe parece mais segura.

Condenar nossos hábitos atuais – ou golpes, nesse caso – não ajuda em nada; o que deve ser feito é avaliar quais as funções exercidas por esses hábitos, para que possamos aprender uma maneira melhor de chegar ao objetivo desejado. Nunca repetimos intencionalmente um comportamento que não tem função. Contudo, não é fácil identificar a função de um determinado padrão de comportamento quando estamos ocupados em nos culpar por nossos erros. Quando paramos de tentar suprimir ou corrigir o "mau hábito", descobrimos para que ele serve, e então buscamos um novo padrão de comportamento, que serve melhor para a mesma função e surge sem esforço excessivo.

A TEORIA DO RASTRO DO HÁBITO

Muito se ouve sobre o rastro deixado por um golpe de tênis. A teoria é simples: toda vez que você movimenta sua raquete de uma determinada forma, aumenta a probabilidade de movimentá-la dessa mesma maneira. Assim se estabelecem padrões (ou rastros) que tendem a se repetir. Os jogadores de golfe utilizam o mesmo termo. É como se nosso sistema nervoso gravasse tudo o que processa. Toda vez que executamos uma determinada ação, grava-se um pequeno rastro, registrando essa ação em nosso cérebro (assim como uma folha que cai sobre a areia da praia e depois é levada pelo vento). Quando essa ação é repetida mais vezes, o rastro que ela grava fica mais profundo. Depois de mais repetições, o rastro atinge tal profundidade que seu comportamento parece cair automaticamente dentro dele. A partir daí, pode-se afirmar que o hábito deixou um firme rastro.

Pelo fato de esse hábito estar servindo a uma função, ele é reforçado e recompensado, e tende a continuar. Quanto maior o rastro no sistema nervoso, mais difícil eliminar o hábito. É muito comum alguém afirmar que não vai mais bater a bola de uma determinada forma; mas é difícil cumprir a promessa. Por exemplo, pode parecer óbvia a importância de manter a bola em seu campo de visão o tempo todo. Mas não é raro cometermos o erro de deixar de avistá-la. Na verdade, quanto mais tentamos nos livrar de um vício, mais difícil fica a tarefa.

Quando você tenta eliminar um vício, como de girar a raquete depois do golpe, você tende a ficar tenso, ranger os dentes e fazer muito esforço. Mas observe a sua raquete. Depois de rebater a bola, ela vai começar a girar, exatamente da forma que costumava fazer anteriormente; os seus músculos vão ficar tensos, e você vai endireitar a raquete à força. É possível perceber o antigo hábito entrando em cena, e o esforço para eliminá-lo. A batalha só acaba depois de muito tempo e esforço, e nem sempre com vitória.

O processo de escapar dos profundos rastros mentais é muito doloroso e difícil. É como sair de uma trincheira. Todavia, existe uma alternativa mais simples e divertida. Uma criança não sofre para escapar dos rastros profundos, ela simplesmente cria novos rastros! O buraco pode estar lá, mas é você quem decide se estará dentro dele ou não. Se você acreditar que o hábito ruim o controla, sentirá a necessidade de se livrar dele. Uma criança não elimina o hábito de engatinhar, já que ela não considera aquilo algo ruim. Ela deixa de engatinhar quando percebe que andar é mais fácil.

Os hábitos são referências ao passado, e o passado já se foi! Seu sistema nervoso pode possuir um grande rastro que faz com que seu forehand termine sempre com o giro da raquete, mas a escolha de travar uma batalha com esse vício é sua; seus músculos continuam plenamente capazes de movimentar a raquete sem girá-la. Não é necessário tensionar todos os músculos do braço para que ela fique reta; na verdade, você precisa de menos músculos para deixá-la reta do que para fazer com que ela gire. A luta imaginária contra os vícios de movimento é a principal causa da tensão muscular desnecessária que ocorre com muitos tenistas.

Em resumo, não é necessário lutar contra antigos vícios. Crie novos hábitos. O conflito só aparece quando você tenta eliminar o problema que o incomoda. Descobrir um novo padrão é fácil quando o processo não tem dificuldades imaginárias. Faça o teste e comprove.

MUDANDO UM GOLPE PASSO A PASSO

O texto a seguir é um resumo comparativo entre o método tradicional de ensino, que muitos de nós vivenciamos, e o aprendizado do Jogo Interior. Siga os passos a seguir e descubra uma maneira eficaz de realizar qualquer tipo de mudança em seu jogo.

PASSO 1: *OBSERVAÇÃO SEM JULGAMENTOS*

Por onde começar? Que parte do seu jogo requer atenção? Nem sempre o golpe que lhe parece pior é o que está pronto para ser mudado.

Procure escolher o golpe que você quer mudar. Deixe que o golpe demonstre que necessita de mudança. Dessa forma, o processo fluirá com mais facilidade.

Vamos imaginar que você decidiu concentrar sua atenção no saque. O primeiro passo é ignorar seus preconceitos estabelecidos sobre seu próprio fundamento. Esqueça o que você acha de seu saque, e comece a executar o movimento sem exercer controle consciente sobre o golpe. Observe seu movimento de maneira neutra. Deixe que um novo rastro seja construído, seja ele melhor ou pior do que o anterior. Concentre-se nele e vivencie o movimento. Preste atenção em sua posição e sua distribuição de peso antes de se movimentar. Cheque sua empunhadura e a posição inicial da raquete. Não faça correções; observe sem interferir.

Depois disso, procure entender o ritmo do seu movimento de saque. Sinta o caminho percorrido pela raquete durante toda a ação. Depois saque alguma vezes e preste atenção apenas no movimento de seu pulso. Ele está tenso ou solto? Flexiona após o impacto? Apenas observe. Procure também se concentrar no lançamento da bola ao executar mais alguns serviços. Vivencie o movimento do lançamento. A bola faz sempre o mesmo percurso? A que altura ela chega? Por fim, foque a atenção na terminação do movimento. Em pouco tempo você perceberá que tem pleno conhecimento dos rastros que definem o seu saque. E também terá consciência dos resultados de suas ações: quantas bolas ficam na rede, qual a velocidade e a direção dos melhores golpes etc. O pleno conhecimento da realidade, livre de críticas ou julgamentos, proporciona tranquilidade, e é um requisito essencial para a mudança.

É possível que durante esse período de observação algumas mudanças já comecem a acontecer naturalmente. Caso isso ocorra, siga normalmente com o processo. Não há nenhum problema em uma mudança inconsciente; você não precisa refletir sobre a mudança, nem se lembrar de como fazê-la.

Depois de observar e sentir o seu saque por cerca de cinco minutos, é bem provável que você tenha identificado algum elemento de seu golpe que precisa de atenção especial. Pergunte a seu saque como ele gostaria de ser. Talvez ele precise de mais fluidez; talvez de mais potência, ou mais efeito. Quando há um problema recorrente – por exemplo, se a maioria dos saques bate na rede – fica fácil descobrir o problema. Procure, portanto, sentir qual a mudança mais desejada, e depois execute mais alguns saques e observe.

PASSO 2: *VISUALIZAÇÃO DO RESULTADO DESEJADO*
Agora imaginemos que o que você deseja é um saque mais potente. O passo seguinte é visualizar esse saque com mais potência. Para isso, você pode assistir a algum tenista que tenha um serviço potente em ação. Não faça análises; simplesmente guarde o que viu e tente captar o sentimento da ação. Ouça o som da bola depois do impacto com a raquete e observe o resultado. Agora pare e imagine-se executando um saque potente, utilizando o mesmo movimento que já é natural para você. Visualize o saque em sua mente, acrescentando o maior número de detalhes possível. Ouça o som no momento do impacto e acompanhe a velocidade da bola enquanto ela cruza a quadra.

PASSO 3: *CONFIANÇA NO SER 2*
Saque novamente, mas não faça nenhum esforço consciente para controlar o golpe. Resista principalmente à tentação de bater mais forte na bola. Apenas deixe o saque acontecer; deixe que o aumento na potência que você desejou aconteça. Isso não é mágica, portanto, dê a seu corpo a chance de explorar as possibilidades. Independentemente dos resultados, mantenha o Ser 1 fora do processo. Se o aumento da potência não aparecer de imediato, não force. Confie no processo e deixe acontecer.

Caso você não perceba uma evolução em direção a seu objetivo depois de alguns minutos, volte para o passo 1. Pergunte a você mesmo o que está inibindo a velocidade da bola. Se não encontrar uma resposta satisfatória, busque a ajuda de um professor. Digamos que esse professor perceba que você não está dobrando o pulso depois do impacto da raquete com a bola. Ele nota que você está segurando a raquete com muita força, dificultando a flexibilidade. O hábito de segurar a raquete com muita força e manter o pulso firme mesmo depois do impacto é muito comum em tenistas que estão tentando conscientemente bater uma bola com potência.

Experimente segurar a raquete com diferentes níveis de força. Deixe que seu pulso sinta a sensação de se movimentar formando um arco completo e flexível. Não pense que sabe qual é o problema só porque alguém lhe contou; sinta intimamente a movimentação de seu pulso. Se ainda estiver em dúvida, peça para que o professor mostre o movimento em vez de lhe dizer como deve ser. Então, visualize mentalmente o movimento do saque. Concentre-se no detalhe de seu pulso, ereto, apontando para o céu, e depois dobrando para baixo, apontando para a quadra durante a finalização do golpe. Depois de memorizar a nova movimentação, saque novamente. Lembre-se de que se tentar dobrar o pulso, ele provavelmente vai ficar tenso. Apenas deixe o movimento acontecer. Deixe que o pulso fique flexível, que ele dobre, formando um arco cada vez mais perfeito. Permita o movimento. Não faça nenhum esforço, porém não hesite na ação. Descubra o equilíbrio interiormente.

PASSO 4: *OBSERVAÇÃO IMPARCIAL DA MUDANÇA E DO RESULTADO*
Agora que você deixou seu saque acontecer naturalmente, seu trabalho é apenas observar a ação. Assista ao processo sem tentar controlá-lo. Resista ao desejo de ajudar. Quanto mais confiança você conseguir depositar no processo em andamento, menores as chances de ocorrerem interferências, como o esforço em excesso, a crítica e a reflexão (e sua consequente frustração).

Durante esse processo, continua sendo importante lembrar que a direção da bola ainda não é essencial. Quando você muda um elemento do seu golpe, outros elementos são afetados. Quando você dobra mais o seu pulso, o ritmo e o tempo de seu saque mudam. A princípio isso pode resultar em uma certa inconsistência. Mas se você continuar o processo, deixando o saque acontecer naturalmente e permanecendo atento e paciente, os elementos de seu golpe irão se ajustar.

Sabendo que a potência do saque não depende só da flexão do pulso, procure mudar seu foco depois que o seu rastro nesse elemento já estiver profundo. Por exemplo, concentre-se no lançamento da bola, ou no equilíbrio do seu corpo. Observe e deixe as mudanças acontecerem. Saque até sentir que o rastro está bem estabelecido. Para testar o rastro, você pode executar alguns saques concentrando-se apenas na bola. Observe as costuras da bola enquanto a joga para cima, para que sua mente não comece a mandar instruções para o corpo. Se o saque estiver acontecendo naturalmente da nova forma, o rastro está estabelecido.

EXEMPLOS E SITUAÇÕES TÍPICAS DOS MÉTODOS DE APRENDIZADO

O MÉTODO TRADICIONAL

PASSO 1: *CRITICAR OU JULGAR O ANTIGO COSTUME*
Exemplos: Meu forehand está uma porcaria hoje, de novo... Droga, por que continuo errando essas bolas fáceis? Não estou fazendo nada do que meu técnico ensinou na última aula. Estava trocando bolas muito bem, agora estou jogando pior que minha avó... $%#¢*#¢$!
(Frases desse tipo são usualmente proferidas de forma punitiva, menosprezando o jogo.)

PASSO 2: *DIZER A VOCÊ MESMO QUE PRECISA MUDAR; REPETIR O COMANDO EM SUA MENTE*

Exemplos: Mantenha a raquete baixa, mantenha a raquete baixa, mantenha a raquete baixa. Encontre a bola na sua frente, na sua frente, na sua frente... Não, droga, mais à frente! Não dobre o pulso, mantenha-o firme... Seu idiota, errado de novo... Lance a bola alta desta vez, bata nela com o braço esticado, depois dobre o pulso e não mude a empunhadura no meio do movimento. Bata essa bola no canto oposto da quadra adversária.

PASSO 3: *FAZER O MÁXIMO DE ESFORÇO POSSÍVEL; FAZER ACONTECER DA MANEIRA CORRETA*

Nesta etapa, o Ser 1 já disse ao Ser 2 o que deve ser feito. Agora ele vai tentar assumir o controle da ação. Músculos do corpo e da face começam a ficar tensos. A tensão impede a máxima fluência do golpe e a precisão do movimento. Não há confiança no Ser 2.

PASSO 4: *CRITICAR OU JULGAR O RESULTADO, INICIANDO O CÍRCULO VICIOSO DO SER 1*

Quando o jogador tenta executar a ação da maneira "correta", é difícil não ficar frustrado com o fracasso ou ansioso pelo êxito. Essas emoções dispersam o foco e impedem a vivência plena do que de fato está acontecendo. Um julgamento negativo sobre o resultado de um esforço faz com que o jogador se esforce ainda mais; já a avaliação positiva leva o jogador a se esforçar para repetir o mesmo padrão no golpe seguinte. Tanto o pensamento positivo quanto o negativo inibem a espontaneidade.

O MÉTODO DO JOGO INTERIOR

PASSO 1: *OBSERVAR O COMPORTAMENTO SEM JULGAMENTOS*

Exemplos: Meus últimos três backhands foram longos e quicaram cerca de meio metro fora da quadra. Minha raquete parece estar hesitante,

não está finalizando o movimento completo. Acho que preciso observar a altura de minha raquete no recuo... Está acima de minha cintura... Aí está, esse golpe teve mais ritmo e quicou dentro da quadra.
(Essas frases são proferidas com interesse, mas em tom neutro.)

PASSO 2: *VISUALIZAR O RESULTADO DESEJADO*

Não se utilizam comandos. O Ser 2 é convidado a atuar da maneira desejada para atingir os resultados desejados. O Ser 2 recebe a imagem e o sentimento do elemento específico a ser trabalhado no golpe. Se você quer que a bola quique no canto oposto da quadra adversária, basta imaginar o caminho a ser percorrido pela bola para atingir o alvo. Não tente corrigir os erros anteriores.

PASSO 3: *DEIXAR ACONTECER! CONFIAR NO SER 2*

Depois de pedir para que seu corpo execute uma determinada ação, dê a ele liberdade para agir. Confie no corpo sem o controle consciente da mente. O saque parece acontecer sozinho. O esforço é iniciado pelo Ser 2 e o Ser 1 não é envolvido no processo. Deixe o processo acontecer, mas não fique estático; deixe o Ser 2 utilizar os músculos certos para o trabalho. Nada é forçado. Continue o processo. Deixe que o Ser 2 execute as mudanças e adaptações necessárias até que se forme um rastro confiável.

PASSO 4: *OBSERVAR SEM CRÍTICA E COM CALMA*
OS RESULTADOS, INCORPORANDO O PROCESSO
DE APRENDIZADO CONTÍNUO

Embora o jogador conheça seu objetivo, ele normalmente não consegue se envolver emocionalmente com o processo, e por isso não faz a observação imparcial dos resultados e não vivencia a ação. Se conseguir reverter esse quadro, o jogador terá um melhor nível de concentração e aprenderá mais rapidamente; assim, ele conseguirá realizar as mudanças que eventualmente sejam necessárias para que a correspondência com a imagem mental seja ideal. Caso não seja necessário mudar, ele ainda terá o benefício da observação imparcial. O essencial é assistir à mudança, e não fazê-la acontecer.

O processo é muito simples. Basta vivenciar a ação, e não intelectualizá-la. Descubra como é pedir a você mesmo que execute algo e depois deixar acontecer, sem nenhum esforço consciente. Para a maioria das pessoas é uma experiência surpreendente, e os resultados comprovam sua eficácia.

Este método de aprendizado pode ser praticado dentro e fora das quadras. Quanto mais você deixar acontecer, sem exercer controle, mais confiança vai ganhar nesse belo mecanismo que é o corpo humano. E quanto mais você confia, mais capacitado ele parece se tornar.

CUIDADO COM AS APARIÇÕES DO SER 1

Existe um perigo que deve ser sempre lembrado. Já percebi em minhas aulas que, depois de deixar as mudanças acontecerem e ficar surpreso com as melhorias vivenciadas, o aluno costuma voltar no dia seguinte com as mesmas dificuldades que tinha antes das mudanças. E embora a técnica esteja pior, o aluno não parece preocupado. No início, fiquei intrigado com a constatação. Por que alguém deixaria o Ser 1 assumir novamente o controle mesmo com resultados piores? Tive de refletir muito sobre o assunto, e cheguei à conclusão de que cada um dos métodos de golpear pode proporcionar uma satisfação específica para o tenista. Quando você se esforça muito para acertar um golpe e tem sucesso, você obtém uma satisfação de ego. Sente que tem a situação sob controle e que está no comando. Já quando você deixa as coisas acontecerem, não parece que você mereça crédito algum. Afinal, não é você que está executando os golpes. Você sente prazer em observar a habilidade de seu corpo e fica surpreso com a melhora nos resultados, mas a realização pessoal e os créditos pelo sucesso não são a prioridade. Se um jogador vai à quadra com o objetivo de satisfazer seus objetivos e massagear seu ego, é provável que mesmo obtendo resultados inferiores, ele prefira deixar o controle com o Ser 1.

DÊ CRÉDITO AO SER 2

Quando um tenista vivencia a experiência de "deixar acontecer" e permite que o Ser 2 jogue, seus golpes tendem a ganhar acurácia e potência. Além disso, ele vai se sentir cada vez mais relaxado, mesmo durante os movimentos rápidos. Ao tentar repetir seu bom desempenho, é comum que ele deixe que o Ser 1 volte à tona e tente assumir o controle, com pensamentos como: "Agora captei o segredo deste jogo; e tudo o que preciso fazer é relaxar". Mas é óbvio que no instante em que ele tenta obrigar-se a relaxar, a verdadeira calma desaparece. É o estranho fenômeno denominado "esforço para relaxar". O relaxamento só ocorre em circunstâncias naturais, não adianta se esforçar para que ele aconteça.

Não se deve esperar que o Ser 1 abra mão de seu controle repentina e totalmente; ele encontra seu papel gradativamente à medida que o indivíduo progride na execução da concentração relaxada.

CONCENTRAÇÃO: APRENDENDO A TER FOCO

Discutimos até aqui a arte de deixar o jogo acontecer. Nela, o Ser 1 não controla a situação e o Ser 2 atua espontaneamente. Nossa ênfase foi nos exemplos práticos, que mostram a eficácia de deixar de lado os julgamentos, o excesso de pensamento e o esforço exagerado – ou seja, formas de controlar uma determinada situação. Mas mesmo que o leitor esteja convencido da importância de silenciar o Ser 1, ele pode ter dificuldade em realizar a tarefa. Meus anos de experiência mostraram que a melhor maneira de silenciar a mente não é mandá-la ficar quieta, nem brigar com ela, e menos ainda criticá-la por fazer julgamentos sobre você. Lutar com sua própria mente não funciona. *O que funciona é ensiná-la a ter foco.* O foco é o tema deste capítulo, e quanto mais dominarmos a arte de trabalhar com ele, mais benefícios teremos, seja qual for a nossa área de interesse.

Curiosamente, mesmo depois de um jogador vivenciar os benefícios de uma mente calma, ele continua com a impressão de que aquele estado é ilusório. Ele sabe que consegue atingir sua melhor performance quando permite que o Ser 2 assuma o controle, mas não consegue evitar o impulso de pensar em como ele conseguiu atingir tal êxito, e acaba buscando uma fórmula para explicar o evento, trazendo o Ser 1 para a posição de controle novamente. Esse tipo de impulso parece ser a persistente vontade do Ser 1 de ser reconhecido, de fazer algo que na verdade não é sua função. Isso acaba causando um fluxo constante de pensamentos que interferem tanto na percepção quanto na resposta do jogador.

Quando iniciei minha exploração ao Jogo Interior, vivenciei um período em que era capaz de isolar qualquer esforço consciente de meu saque. O serviço parecia acontecer sozinho, e estava muito potente e consistente. Por cerca de duas semanas, 90% de meus primeiros serviços entravam na área de saque, e eu não cometi uma única dupla-falta. Então, certo dia, meu colega de quarto, que também era instrutor, me desafiou para uma partida. Aceitei e dei a ele um aviso, em tom de brincadeira: "Tome cuidado, descobri o segredo para o saque perfeito". No dia seguinte, quando fomos jogar, cometi duas duplas-faltas no primeiro game! Ao *tentar* utilizar o dito "segredo", coloquei meu Ser 1 de volta à cena. Agora eu me esforçava para deixar acontecer. O Ser 1 queira se exibir para meu colega de quarto; ele queria receber os créditos. E embora eu tivesse rapidamente percebido o que estava ocorrendo, não consegui retornar ao estado de pura espontaneidade livre de esforço por muito tempo.

Resumidamente, o processo de isolar o Ser 1 e suas interferências não é fácil. Entender essa dificuldade ajuda, mas as demonstrações práticas e o uso constante da ação de "deixar acontecer" podem contribuir ainda mais. Todavia, não acredito que a mente possa ser totalmente tomada por esse processo, que é passivo por definição. Para silenciar a mente, deve-se ocupá-la com alguma coisa. Não adianta deixá-la livre; ela precisa estar focada. E se o desempenho de alto nível está associado a uma mente quieta, é extremamente importante saber onde e como focá-la.

Quando estamos concentrados, a mente se acalma, pois ela está vivenciando o presente. Focar é manter a mente aqui e agora. A concentração relaxada é a arte suprema, já que nenhuma outra forma de arte pode ser alcançada sem ela. Apenas com ela pode-se chegar mais longe.

Ninguém consegue explorar o máximo potencial de seu tênis – ou de qualquer outra habilidade – se não aprender a concentração relaxada; e o mais interessante é que o jogo de tênis é um excelente meio para desenvolver o foco da mente. Ao aprender a se concentrar enquanto joga, o tenista desenvolve uma habilidade que pode melhorar seu desempenho em todos os outros aspectos da vida.

Para dominar essa arte, é preciso praticar. E é possível praticar em toda e qualquer situação, com exceção de quando se está dormindo. No tênis, o objeto mais conveniente e prático para concentrar o foco é a bola. Provavelmente, a frase mais repetida no tênis é: "olhe a bola". Mesmo assim, poucos jogadores olham bem para ela. Na verdade, a frase quer dizer simplesmente que o tenista deve prestar atenção. Ele *não* precisa pensar na bola, na dificuldade do golpe, no movimento da raquete, ou no que seus amigos vão pensar se ele errar. A mente focada captura somente os aspectos necessários para executar a tarefa em questão. Ela não se distrai com outros pensamentos ou com eventos externos; ela só dá atenção ao que é relevante aqui e agora.

OLHE A BOLA

Olhar a bola significa focar sua atenção em sua imagem. Descobri que a maneira mais eficaz de aprofundar a concentração pela imagem é se concentrar em algo sutil, pouco perceptível. É fácil olhar a bola, mas não é comum observar o padrão de movimento de seu giro a partir de sua costura. A prática de observar a costura da bola produz resultados interessantes. Depois de pouco tempo o jogador descobre que está vendo a bola mais claramente do que antes. Ao observar o padrão de movimento da costura, ele naturalmente segue a bola por todo o seu percurso, concentrando sua atenção mais cedo, desde que ela sai da raquete do adversário, até chegar à sua. (Algumas vezes a bola parece até ficar maior, ou se mover mais lentamente. São resultados naturais do foco.)

Mas ver a bola mais claramente é apenas um dos benefícios de focar a mente em sua costura. O padrão de movimento da bola é muito sutil, e isso acaba ocupando mais a mente. Ela fica tão envolvida na observação que esquece de realizar um esforço excessivo. Sua preocupação é a costura da bola, logo, ela não interfere nos movimentos naturais do corpo. Além disso, a costura está sempre lá, no presente, e se a mente do jogador está focada nela, não se preocupa com o passado ou com o futuro. A prática desse exercício possibilita que o tenista atinja níveis cada vez mais profundos de concentração.

A maioria dos tenistas que observa a costura da bola como exercício disciplinar reconhece rapidamente a eficiência da prática, mas depois de algum tempo tende a se desconcentrar novamente. A mente tem dificuldade em se concentrar em um único objeto por um longo período de tempo. Falemos a verdade: por mais interessante que uma bola de tênis possa ser, ela não vai prender a atenção de uma mente incansável, habituada a diversas distrações, por muito tempo.

QUICOU-BATEU

O problema, portanto, é como manter o foco por maiores intervalos de tempo. E a melhor forma de realizar essa tarefa é fazer com que o jogador crie interesse pela bola. E como fazemos isso? Basta evitar que sua mente acredite que sabe tudo sobre ela, mesmo que você já tenha visto milhares de bolas em sua vida. Supor que você não sabe pode contribuir muito para o foco.

É difícil saber quando exatamente uma bola de tênis vai quicar no chão, ou quando ela vai bater em sua raquete (ou na de seu adversário). Baseado neste fato, encontrei uma forma simples e eficaz de manter o foco na bola. Trata-se de um exercício que batizei de "quicou-bateu".

As instruções que dou a meus alunos são muito simples. "Diga a palavra 'quicou' em voz alta, no instante em que vir a bola bater no chão da quadra. Diga a palavra 'bateu todas as vezes que a bola fizer contato com qualquer uma das raquetes". Falar em voz alta dá ao aluno (e a mim) a chance de avaliar se a palavra é simultânea ao evento. Enquanto o aluno fala "quicou... bateu... quicou... bateu... quicou... bateu... quicou...", ele mantém seus olhos concentrados na bola em quatro momentos importantes da troca e, além disso, ouve o ritmo e a cadência dos quiques e rebatidas, mantendo-se focado por mais tempo.

O resultado é sempre positivo. O exercício dá ao tenista uma melhor referência da posição da bola, além de manter sua mente livre de distrações. É muito difícil falar "quicou-bateu" o tempo todo e ainda dar instruções para seu corpo, exagerar no esforço ou se preocupar com o placar.

Testemunhei muitos alunos iniciantes executando um ótimo trabalho de pernas, realizando bons golpes e conduzindo longas trocas de bola no fundo da quadra, sem sequer pensar no que estavam fazendo. Isso ocorreu porque o Ser 1 desses alunos estava ocupado em monitorar os quiques e as batidas da bola. Curiosamente, percebi que alunos mais experientes tinham mais dificuldade com o exercício, porque ocupavam a mente com outros fatores que julgavam importantes para uma boa execução. Ao tentar ignorar os pensamentos controladores e focar apenas no quique e na batida da bola, eles costumavam ficar desconfortáveis, já que o Ser 2, mesmo sem as instruções e reflexões do Ser 1, desempenhava um ótimo jogo.

Uma das maneiras mais simples de manter o interesse na bola é observá-la como se fosse um objeto em constante movimento. Acompanhar o giro da bola observando sua costura ajuda a manter a concentração, mas é também importante aumentar seu foco em sua trajetória, tanto quando vem em sua direção, como quando vai na direção do adversário. Procuro concentrar minha atenção durante um ponto nos detalhes da trajetória de cada golpe, sejam os meus ou os de meu oponente. Percebo a altura que a bola passa em relação à rede, sua velocidade de chegada e reservo um cuidado especial ao ângulo de subida depois que ela quica na quadra. Também procuro verificar se a bola sobe, desce ou permanece paralela à linha do golpe depois do contato com a raquete. Para meus golpes, sigo a mesma sequência. Em pouco tempo, fico habituado ao ritmo dos golpes alternados em cada ponto, e consigo melhorar minha capacidade de antecipação. E esse ritmo, visual e auditivo, mantém a mente distraída e concentrada por períodos mais longos.

Não adianta ficar olhando *fixamente* para um objeto. Isso não trará foco. Fazer força para focar também não funciona. A concentração vem naturalmente quando a mente está interessada. Quando nessa condição, ela é irresistivelmente atraída pelo objeto (ou tema) de interesse. Não realiza esforço e está relaxada, sem tensão nem controle. Ao observar a bola de tênis, permita que sua concentração aconteça. Se você estiver franzindo a testa, está se esforçando demais. Se estiver reclamando com você mesmo sobre a falta de foco, está tentando controlar a situação. Deixe que a bola cause interesse em sua mente. Ela vai ficar relaxada e pronta para trabalhar, assim como seus músculos.

OUÇA A BOLA

É raro encontrar um tenista que ouve a bola, mas essa atividade pode ser um método valioso de concentração. O impacto da bola com a raquete emite um som peculiar, que varia consideravelmente de acordo com a região da raquete em que a batida ocorre, o ângulo da face e a posição do corpo do tenista no momento do golpe. Se você prestar atenção aos sons, vai logo perceber que eles vêm de diferentes tipos e qualidades de rebatidas. E em pouco tempo você será capaz de distinguir o som produzido por uma bola com efeito, que foi rebatida no centro da raquete, de uma outra bola que teve menos efeito e não encontrou a região central da raquete. Ou vai reconhecer o som de um golpe chapado de esquerda, e diferenciá-lo de um golpe com slice.

Certo dia eu estava praticando esse método de concentração enquanto sacava e percebi que meu serviço estava ótimo. Eu ouvia um estalo agudo em vez do som normal do impacto. Era um som peculiar, e o saque tinha mais velocidade e precisão. Quando me dei conta da situação, procurei resistir à tentação de tentar descobrir o porquê daquele bom desempenho, e apenas pedi a meu corpo que fizesse o que fosse necessário para continuar produzindo aquele estalo. Memorizei aquele som, e meu corpo conseguiu reproduzi-lo por diversas vezes.

Essa experiência me ensinou que a lembrança de certos sons pode ser muito eficaz no processo de acesso à imensa base de dados que temos em nosso cérebro. Quando um jogador ouve o som do seu forehand, ele o armazena em sua memória e o relaciona com um golpe específico; quando necessário, o corpo procura repetir os elementos do movimento que produziram aquele som. Essa técnica pode ser particularmente útil para aprender diferentes tipos de saque. Os sons de um saque chapado, com slice ou com efeito, são muito diferentes uns dos outros. Da mesma forma, pode-se estabelecer um padrão de segundo serviço tomando como base os sons da bola no momento do impacto. Outro exemplo similar é o voleio. O som da bola pode ajudar o trabalho de pernas e de raquete durante a execução desse tipo de golpe. Um voleio tem um som inesquecível quando é rebatido na hora certa e na posição perfeita.

Alguns jogadores preferem se concentrar nos sons produzidos pela bola a se concentrar em sua costura, porque para eles a técnica é mais inovadora. Na verdade, é possível utilizar os dois métodos simultaneamente, já que os sons só acontecem no momento do contato.

No meu caso, costumo utilizar a técnica do som da bola durante o treino. Isso faz com que a sensibilidade ao som aumente gradualmente, e quando chega a hora de uma partida, tem-se mais facilidade para executar golpes sólidos com base no som da bola. Os resultados são comprovadamente positivos.

SENTINDO A RAQUETE

Lembro-me de que quando tinha doze anos, meu professor fez um comentário sobre meu parceiro de jogos de duplas: "Ele sabe onde está a cabeça de sua raquete". Não entendi o que aquilo significava, mas minha intuição dizia que era importante, e por isso jamais esqueci aquela frase. Poucos tenistas entendem que é importante *sentir* a raquete durante todo o movimento. Há duas coisas que um tenista *precisa* saber para executar um golpe: onde está a bola e onde está sua raquete. Sem essas informações, é difícil jogar. A maioria dos jogadores sabe que tem de ter contato visual com a bola, mas poucos têm a noção exata da posição da cabeça da raquete durante um ponto. Um dos momentos mais difíceis para saber a posição exata da raquete é quando ela está atrás do jogador. Nesse momento, ele precisa se concentrar por meio do sentimento.

Durante um golpe, sua mão fica a cerca de trinta centímetros do centro da raquete. Isso significa que mesmo uma pequena mudança na angulação de seu pulso pode produzir uma grande diferença na posição da cabeça da raquete, que, por sua vez, tem efeito significativo na trajetória da bola. Na verdade, uma mudança de poucos centímetros na posição da cabeça da raquete pode resultar em metros de diferença no local em que a bola vai quicar. Por este motivo, é muito importante ter um sentimento apurado para que seu jogo seja consistente e preciso.

Todo tenista pode se beneficiar de um "treinamento de sensibilidade". A maneira mais fácil de treinar as sensações é focar a atenção em seu corpo enquanto joga. O ideal é que alguém bata algumas bolas para você, para que elas quiquem aproximadamente no mesmo local repetidas vezes. Então, dê pouca atenção à bola, e preste atenção no que você está sentindo ao rebatê-la. Dedique atenção especial ao sentimento, no momento em que sua raquete está atrás de seu corpo. Perceba o que seu braço e sua mão estão sentindo no momento que antecede o início do movimento para a frente, em direção à bola. Procure também sentir a sua empunhadura. Com que intensidade você está segurando a raquete?

Há muitas formas de melhorar o sentimento de sua consciência muscular. Uma delas é praticar seus golpes em câmera lenta. Execute a rebatida como se fosse um exercício, sentindo as partes de seu corpo que se movem durante a ação. Procure sentir cada evolução de movimento, cada músculo requisitado. Quando você aumentar a velocidade para rebater as bolas novamente, vai perceber uma melhor consciência de sua musculatura. Quando executo um backhand, por exemplo, tenho plena consciência de que meu músculo do ombro (e não o do antebraço) está movimentando meu braço. Ao me lembrar do músculo antes de executar o golpe, consigo obter mais potência. Por outro lado, quando executo um forehand, presto atenção em meu tríceps quando a raquete está abaixo do nível da bola. Sentir esse músculo diminui minha tendência de levantar a raquete quando a levo para trás.

É também importante ter plena consciência de seu ritmo. É possível aprimorar o tempo de bola e ganhar potência nos golpes prestando atenção no ritmo de cada uma de suas ações durante uma sessão de treino. Todo jogador tem um ritmo natural. Se você conseguir se concentrar e sentir esse ritmo, vai perceber que as ações acontecerão de maneira natural e serão muito eficazes. Não adianta estabelecer um ritmo à força; é preciso deixar acontecer. Mas a sensibilidade ao ritmo, desenvolvida pela concentração, pode ajudar. Quando um jogador consegue se concentrar e sentir a trajetória de sua raquete por meio dessas sensações, seus golpes começam a ficar mais simples e naturais. Movimentos bruscos e espalhafatosos tendem a desaparecer e dar lugar a consistência e potência.

Assim como o som da bola pode auxiliar o seu jogo, é muito útil focar na sensação do momento do impacto da bola com a raquete. É possível notar diferença na vibração que chega à sua mão quando a bola encontra a raquete. Ela depende do ponto em que o contato aconteceu, de como seu peso está distribuído no momento do impacto e do ângulo da face da raquete. E nessa situação também é possível prever o melhor resultado por meio do que você sente em sua mão, pulso e braço, depois de executar um golpe bom e sólido. Praticar esse tipo de sensação desenvolve o que chamamos de "toque", muito importante na execução de drop-shots e lobs.

Trocando em miúdos, procure ter consciência de seu corpo. Saiba o que você sente ao posicionar seu corpo, ou quando movimenta sua raquete. Lembre-se: é quase impossível sentir ou ver algo enquanto estamos *pensando* se um determinado movimento está *correto* ou não. Esqueça o que *deve* ser feito. No tênis, há apenas um ou dois elementos que têm importância visual, mas há muito o que sentir. O aumento do conhecimento sensorial de seu corpo vai acelerar o processo de desenvolvimento de suas habilidades.

Nestas últimas páginas, descrevi algumas formas de aprimorar três dos cinco sentidos e de expandir a consciência que esses sentidos nos dão. Pratique esses métodos, sem tentar encontrar a maneira "correta" de executá-los; apenas pratique-os individualmente e no seu ritmo.

Até onde eu sei, o paladar e o olfato não são cruciais para uma boa técnica de tênis. Guarde o treino desses sentidos para a refeição feita depois do jogo.

A TEORIA DA CONCENTRAÇÃO

As práticas descritas anteriormente podem acelerar o processo de melhora em seu jogo. Mas o ponto a ser abordado agora é muito importante e merece uma atenção especial. A atenção focada pode ajudar o seu tênis e, da mesma forma, seu tênis pode ajudá-lo a focar a atenção. Aprender a concentrar seus pensamentos em um determinado tema é uma habilidade com aplicações ilimitadas. Para desenvolver esse tema, vamos antes discutir alguns aspectos teóricos da concentração.

Tudo o que vivemos dentro da quadra chega a nós através de nossa própria consciência. É ela que possibilita que sejamos capazes de perceber as visões, sons, sentimentos e pensamentos que compõem a "experiência" em sua totalidade. É evidente que ninguém é capaz de vivenciar algo que não passa pela consciência, já que ela é responsável pela percepção de todos os objetos e ações. Sem ela, os olhos não poderiam enxergar, os ouvidos não ouviriam e a mente não pensaria. Ela é uma espécie de energia pura, sem forma, que tem a função de perceber os eventos, da mesma forma que a luz torna os objetos visíveis. Podemos chamá-la de luz das luzes, pois é a partir dela que qualquer processo de "enxergar" algo se inicia.

No corpo humano, essa "energia" da consciência adquire seu conhecimento através de canais já conhecidos – os órgãos dos sentidos e a mente. Visões vêm por intermédio dos olhos, sons passam pelos ouvidos e fatos e ideias ocorrem na mente. Tudo o que acontece conosco e tudo o que fazemos passa pelo que chamamos de consciência.

Agora mesmo sua consciência está realizando o trabalho de percepção através de seus olhos e mente das palavras desta frase. Mas, além disso, outras coisas estão acontecendo dentro de sua área de percepção. Se você parar por um momento e ouvir atentamente os ruídos ao seu redor, vai perceber outros barulhos que até então não eram notados, embora estivessem presentes o tempo todo. E se você prestar mais atenção, vai ouvir esses ruídos ainda melhor – ou seja, vai conhecê-los melhor. Você provavelmente não percebia a sensação de sua língua dentro de sua boca até agora; mas é bem possível que a partir de agora você a esteja percebendo. Ao se manter ocupado com as imagens e os sons ao seu redor, você não tem a consciência de sua língua, mas basta uma pequena referência sugestiva para a mente dirigir seu foco de atenção para um determinado local. E quando permitimos que a atenção fique concentrada, ganhamos conhecimento sobre o objeto em foco. Atenção é consciência focada, e a consciência nos dá o poder do conhecimento.

Consideremos esta analogia: se a consciência fosse uma luz artificial brilhando em uma floresta escura, ela iluminaria uma certa área, permitindo assim a visibilidade. Quanto mais perto um objeto estivesse da luz, mais iluminado ele ficaria e, por consequência, mais detalhes ficariam visíveis. Objetos mais distantes seriam menos visíveis. Se limitássemos essa luz com um tubo refletor, teríamos uma espécie de holofote, e toda a luz seria direcionada a um determinado ponto. Agora, os objetos iluminados seriam vistos com mais clareza, e muitos detalhes que estavam "perdidos no escuro" seriam notados. Assim é a atenção focada. Contudo, se a lente do holofote estiver suja ou sua luz oscilante, o feixe ficará comprometido, prejudicando o foco e, por consequência, a clareza. A distração nesse caso está representada pela sujeira na lente, que prejudica a iluminação e reduz sua eficiência.

A luz da consciência pode ser direcionada tanto para objetos externos, acessados via sentidos, quanto para sentimentos ou pensamentos internos. E o feixe de luz da atenção pode ser amplo ou estreito. O foco amplo serve para tentar observar a maior área possível da floresta de uma só vez. Já o estreito possibilita direcionar a atenção a um detalhe específico, como as nervuras de uma determinada folha que se encontra em um pequeno galho.

O "AQUI E AGORA" DENTRO DA QUADRA

Voltemos para a quadra de tênis. Observar a costura da bola representa um foco estreito, e pode ajudar a prevenir o nervosismo e outros objetos irrelevantes que podem causar distração. Sentir os movimentos do corpo, por sua vez, representa um foco amplo, que envolve diversas sensações que podem colaborar para o aprendizado do tênis. Analisar o vento, o movimento do adversário, a trajetória da bola e além disso as sensações de seu corpo representa um foco ainda mais amplo, mas que ainda pode ter sua função em uma determinada tarefa (ainda pode ser considerado foco, porque desconsidera o que é irrelevante e ilumina o que realmente importa). Uma característica importante do foco é que ele está sempre "aqui e agora", ou seja, no tempo e no espaço presentes. A primeira parte deste capítulo sugeriu diversos objetos de concentração que estão no espaço presente. A costura da bola, por exemplo, propicia uma melhor consciência de espaço do que a própria bola. E quanto mais consciência você adquire fazendo uso de elementos específicos do jogo de tênis (o som da bola, ou o sentimento de cada elemento do golpe), mais conhecimento você ganha.

Todavia, é necessário também aprender a ter consciência no tempo presente. E, para isso, é necessário estar atento ao que está acontecendo no presente. Os maiores lapsos de concentração acontecem quando permitimos que nossa mente projete o que vai acontecer, com base no que já aconteceu. A mente entra facilmente no mundo do "e se": "E se eu perder esse ponto?", ela pensa, "eu estarei perdendo por 5-3 e ele vai sacar. Se eu não quebrar seu serviço, vou perder o primeiro set e provavelmente a partida também. Imagine o que a Martha vai dizer quando souber que eu perdi para o George". E, nesse momento, é comum que a mente entre na pequena história imaginária que mostra a reação da Martha ao ouvir que você perdeu para o George. Mas, de volta ao presente, o jogo continua com o placar de 3-4, 30-40, e você quase não se dá conta de que ainda está na quadra; a energia consciente que você necessita para desempenhar seu bom jogo foi desperdiçada com esse futuro imaginário.

A mente também costuma desviar sua atenção para eventos do passado: "Se o juiz de linha não tivesse considerado 'fora' meu último saque, o placar estaria empatado e eu não estaria nesse buraco. Aconteceu a mesma coisa na semana passada, e isso me custou a partida. Perdi minha confiança, e agora está acontecendo novamente. Por quê?". Normalmente, em uma partida de tênis, a linha de pensamento é interrompida quando o ponto seguinte começa a ser disputado. Porém, parte de sua energia é desperdiçada e fica perdida no passado ou no futuro, deixando a luz que ilumina o presente menos brilhante.

Como resultado, o foco piora, a bola parece ficar mais veloz e menor e a quadra parece encolher.

Mas a mente parece ter vontade própria, então como fazer para mantê-la focada no presente? Pela prática. Não há outra forma. Sempre que a mente der indícios de que vai escapar, traga-a de volta. Utilizo uma máquina programada para lançar bolas em diferentes velocidades e sugiro um simples exercício que ajuda os jogadores a estar mais no presente. Peço ao aluno que fique na rede, em posição de voleio, e programo a máquina para uma velocidade de três quartos de sua capacidade. No início, o aluno parece um pouco distraído, mas depois fica mais alerta. À medida que melhora a atenção, as rebatidas ganham qualidade. Aumento gradualmente a velocidade das bolas, e o aluno acompanha, com foco no voleio. Continuo o processo até chegar à velocidade máxima da máquina. Nesse ponto, o aluno acha que chegou ao máximo de concentração, mas, em vez de parar o exercício, coloco a máquina no meio da quadra, a cerca de cinco metros mais perto do aluno. Obviamente, o aluno perde a concentração por algum tempo, pois fica surpreso com o novo desafio. O antebraço fica tenso e os movimentos ficam mais lentos e menos precisos. "Relaxe o antebraço. Acalme a mente. Fique tranquilo e viva o presente, foque na costura da bola, e deixe acontecer." Logo o aluno consegue novamente encontrar a bola na frente do corpo e posiciona a raquete corretamente. Ele não sorri de satisfação por seu sucesso. Apenas segue concentrado em cada momento. Em alguns casos, o aluno tem a impressão de que a bola fica mais lenta; em outras situações, ele acha estranho rebater a bola sem ter tempo para pensar no golpe. Fato é que todos os alunos que chegam ao estado de viver melhor o presente experimentam uma sensação de calma aliada a um êxtase, que é muito agradável.

As consequências que essa maior atenção acarreta na qualidade do voleio são óbvias. A maioria dos voleios errados acontecem porque são executados atrás do corpo do tenista ou porque não estão centralizados na raquete. Criar uma melhor consciência sobre o presente torna mais fácil a tarefa de localizar a bola e, assim, reagir na hora certa. Algumas pessoas pensam que são muito lentas para devolver uma bola rápida quando estão na rede. Mas o tempo é relativo, e você pode de fato deixá-lo mais lento. Pense nisso: cada segundo é composto por 1.000 milésimos. São muitos milésimos! Mede-se sua atenção pela quantidade de vezes que você consegue responder a um alerta em um determinado período de tempo. Ou seja, ficamos mais conscientes do que está à nossa volta quando estamos concentrados no "agora".

Depois de melhorar minha concentração no presente, percebi que poderia mudar minha posição para devolução de saque. Saí da linha de fundo e me adiantei para dentro da quadra, a apenas meio metro da linha de saque. Permanecendo focado e relaxado, eu conseguia observar com clareza qualquer tipo de saque e "deixá-lo mais lento". Isso permitia que minha devolução acontecesse em uma fração de segundo depois que a bola quicasse. Não havia tempo para recuar a raquete, tampouco para pensar no que estava fazendo, ou na direção da devolução. Só existia uma concentração serena e uma resposta espontânea. Eu então rebatia e finalizava o movimento, dando profundidade e direção à bola. No instante seguinte, estava em frente à rede, muito antes de meu oponente!

Meu adversário, executando o seu serviço, precisa realizar um grande esforço mental para não considerar um insulto ao seu saque a minha posição adiantada e agressiva para a devolução; ele acaba cometendo mais duplas-faltas, pois quer me mandar de volta para o fundo da quadra. E se o ponto seguir, ele precisará tentar devolver uma passada de voleio, estando na região do mata-burro.

É natural que o leitor imagine que essa tática seria impossível contra um sacador de primeira classe. Mas isso não é verdade. Depois de praticar por alguns meses esse tipo de devolução, descobri que era possível utilizá-la em competições oficiais. E quanto mais praticava, mais velocidade e precisão eu adquiria. A concentração parecia reduzir a velocidade do tempo, dando a mim a consciência necessária para visualizar e rebater a bola. Eu rebatia a bola ainda durante sua subida, e isso mudava o tempo de resposta do sacador. E além disso, eu chegava à rede antes do sacador, ganhando assim o comando do ponto.

O FOCO DURANTE UM JOGO

Todos os métodos para desenvolver a concentração mencionados até agora funcionam melhor durante os treinos. Em um jogo, costuma ser mais eficaz escolher apenas uma via de concentração – a que mais lhe agrade – e manter-se com ela. Por exemplo, se a costura da bola mantém você concentrado no "aqui e agora", não há necessidade de buscar foco nos sons ou nas sensações. Normalmente, o fato de estar jogando uma partida já ajuda a focar. Durante o andamento de um ponto, é normal entrar em um estado de concentração profundo, em que você só tem consciência do que está acontecendo naquele exato instante. O difícil é manter a concentração entre um ponto e outro! Depois do último golpe de um rali, a mente deixa de focar na bola e começa a viajar. É nesse momento que surgem os pensamentos sobre o placar, sobre aquele backhand que não anda bem, os negócios da empresa, filhos, jantar, e assim por diante. Sua energia não está mais no "aqui e agora". E fica difícil recuperar o nível de concentração antes do início do ponto seguinte.

E como manter a concentração no "aqui e agora" nos intervalos entre os pontos? Meu truque pessoal, que também funcionou para muitos de meus alunos, é focar a atenção na respiração. Afinal, o objeto do foco precisa estar sempre presente. E não há nada mais "aqui e agora" do que a respiração. Concentrar a atenção na respiração significa simplesmente observar o ato de inspirar e expirar o ar, no ritmo natural. Não é necessário exercer nenhum tipo de controle.

A respiração é um fenômeno notável. Querendo ou não, todos nós respiramos. Mesmo enquanto dormimos. E não adianta tentar parar de respirar; somos vencidos por uma força interna que nos impede de parar. Portanto, quando nos concentramos na respiração, colocamos nossa atenção em algo intimamente conectado com a energia vital de nosso corpo. Além disso, a respiração tem um ritmo fácil e básico. Dizem que o homem recapitula o ritmo do universo por meio da respiração. Quando a mente entra nesse ritmo, ela fica absorta e calma. Seja dentro ou fora da quadra, a melhor maneira de lidar com a ansiedade é colocar sua mente no processo de respiração. A ansiedade é o medo do que pode acontecer no futuro, e ela ocorre somente quando a mente começa a imaginar o que o futuro nos reserva. Mas quando sua atenção está no presente, as ações que se fazem necessárias naquele momento têm maior chance de serem executadas com êxito e, como resultado, o presente vai ajudar a fazer um futuro melhor.

Então, depois do final de um ponto, enquanto estou voltando para a área de saque, ou buscando uma bola, foco minha mente na respiração. E se minha mente começa e divagar sobre o resultado da partida, trago-a calmamente de volta para minha respiração e procuro relaxar seguindo seu ritmo natural. Dessa forma, quando estou prestes a jogar o ponto seguinte, meu nível de concentração pode estar até mais alto do que antes. Utilizo essa técnica tanto para parar de pensar em erros básicos, quanto para não me vangloriar por golpes bem-sucedidos.

A ZONA DE ATUAÇÃO DO SER 2

No primeiro capítulo do livro, falei sobre como as pessoas descrevem seu estado mental quando estão jogando seu melhor tênis. Eles usam frases como: "Estou fora de minha mente" ou "jogando sem pensar". Outra frase muito usada é "jogando na minha zona de conforto". Um fato curioso sobre esse estado da mente é que ele não pode ser descrito com precisão, já que quando estamos nesse estado, a parte da mente responsável por descrever o sentimento está desativada. Quando a sensação acaba, você tenta lembrar como era. Mas é difícil. Você só vai lembrar que era bom, e que tudo funcionava como se fosse mágica.

Contudo, mesmo que você não tenha plena ciência do que ocorre quando está neste estado, você é capaz de identificar o que *não* ocorre. Você se lembra que não estava fazendo autocríticas; e que também não estava se elogiando. Não estava pensando em como iria executar o golpe; e se seu movimento estava certo ou errado. Não fazia contas sobre o placar, não refletia sobre os erros dos golpes anteriores, nem se preocupava com a impressão de outras pessoas sobre o resultado do jogo. Em outras palavras, seu Ser 1 não estava presente. Só restou o Ser 2. E por isso, muitas vezes, temos a impressão de que não fomos responsáveis pelos eventos. Eles simplesmente aconteceram. Os alunos costumam dizer que "não era eu", "outro alguém assumiu o controle", "foi minha raquete que executou a ação, como se tivesse vontade própria". Mas é óbvio que ela não se movimentava sozinha, tampouco seus ótimos golpes eram apenas acidentes. Quem rebatia as bolas era o Ser 2. Na verdade, era você rebatendo as bolas sem a interferência costumeira do Ser 1.

É interessante perceber que, quando o indivíduo se encontra neste estado, em que o Ser 1 está ausente e o Ser 2 presente, ele se sente bem, e possui uma consciência mais vívida, gerando na maioria dos casos uma excelente performance. A sensação não é a mesma de quando o ego está satisfeito, que também é muito agradável. Ela pode ser mais bem descrita por um sentimento de harmonia, equilíbrio, estabilidade, paz e contentamento. E podemos chegar a esse estado mesmo durante uma intensa partida de tênis.

Phil Jackson, técnico de Michael Jordan e da equipe quatro vezes campeã da NBA, o Chicago Bulls, descreve muito bem, em seu livro *Cestas sagradas*, o estado em que o Ser 2 tem o foco absoluto: "O basquete é similar a uma dança complexa, em que é necessário mudar de um objetivo a outro muito rapidamente. Para obter êxito, é necessário agir com a mente limpa e estar totalmente focado no que cada jogador em quadra está fazendo. O segredo é não pensar. E isso não quer dizer que você deva ser estúpido; quer dizer que é necessário silenciar a enorme quantidade de pensamentos para que seu corpo possa instintivamente fazer o que foi treinado, sem deixar que a mente o atrapalhe. Todos nós temos momentos de singularidade... Quando estamos completamente imersos no momento, inseparáveis do que estamos fazendo".

Outra descrição interessante sobre a zona de atuação do Ser 2 é a de Bill Russell, famoso jogador de basquete do Boston Celtics: "Quando você atinge esse nível especial, acontece todo tipo de coisa... É como se jogássemos em câmera lenta. Parece até um feitiço, que nos permite sentir como a próxima jogada vai se desenrolar e qual o momento exato de se tentar o arremesso. Mesmo antes de o adversário chegar com a bola para o ataque, posso sentir o que vai acontecer. Dá vontade de gritar para meus companheiros que 'a bola virá por ali!'. Só não faço isso porque o oponente ouviria também! Minhas premonições acabavam sendo sempre corretas, e eu parecia conhecer cada um de meus companheiros e cada um de meus adversários. E eles pareciam me conhecer completamente também. Hoje, isso parece menos estranho para mim. Hoje aceito que era assim mesmo, e é assim que deve ser. Sempre. Podemos ter foco e consciência".

Essa "zona de atuação" também merece certos cuidados. Ela não pode ser controlada pelo Ser 1. Já vi muitos artigos que afirmam oferecer uma técnica para sempre atuar nesse estado especial. Esqueça isso! É apenas uma armadilha, uma armação. O Ser 1 gosta de atuar nessa zona de conforto, pois sabe que os resultados obtidos são ótimos. E por isso ele vai tentar descobrir uma fórmula mágica para que você se mantenha neste estado maravilhoso. Mas o problema é que a única maneira de chegar a esse estado é deixar o Ser 1 de lado. Caso você deixe o Ser 1 tentar conduzi-lo a essa zona, ele finalmente pode chegar lá. Mas assim que chegar, vai dizer: "Ótimo, cheguei aqui". E nesse exato momento, você sai da zona de atuação.

Outra forma de entender essa zona de atuação é aceitá-la como se fosse um presente. Um presente daqueles que você pede em uma data especial. Mas como pedi-lo? Qual o empenho necessário para merecê-lo? Antes de aplicar esforço na atividade, é preciso compreendê-la. Eu diria que o processo envolve um esforço para encontrar o foco e outro esforço para tirar o Ser 1 do controle. Com o aumento da confiança, o Ser 1 silencia, e o Ser 2 fica mais consciente e domina o processo. Você começa a se divertir, e os presentes vão aparecendo durante a prática. Você aplica seu esforço nos momentos e nas ações necessárias, e não fica pensando em como deve proceder. E assim os presentes continuam a aparecer, de maneira frequente e sustentável.

Pode não parecer científico, e também não ser uma fórmula secreta, fácil de se controlar. Mas posso afirmar que tenho jogado com o Ser 2 por mais de vinte e cinco anos conscientemente, e sei que ele segue o seu ritmo, e chega quando estou pronto para ele. É preciso ser humilde, respeitoso, não criar expectativas, e colocar-se em uma posição inferior em relação a ele. Na hora certa, ele chega, e posso aproveitar a ausência do Ser 1 e me divertir. Mas não tente agarrá-lo, pois ele vai escapar como um sabonete de suas mãos. Não elogie sua chegada, pois isso vai distraí-lo e você também o perderá. Eu costumava pensar que aquele estado era efêmero e que logo não poderia mais contar com ele. Mas agora sei que ele está sempre lá. Quem o deixa sou eu. Quando vejo uma criança pequena, percebo que seu Ser 2 está lá o tempo todo. Quando a criança cresce, sua mente fica mais distraída, e é mais difícil identificar o seu Ser 2. Mas ele sempre esteve lá, e sempre estará por lá. Por toda a sua vida. Os pensamentos vêm e vão, mas o ser da criança, aquele ser verdadeiro, vai estar lá pelo tempo que você estiver respirando. E aproveitar a sua presença é o presente que o foco nos dá.

FALHAS NO FOCO

É difícil entender, depois de tudo o que aprendemos, por que ainda deixamos de estar no "aqui e agora". O presente é o único espaço e tempo em que um indivíduo consegue realmente viver e realizar conquistas. Grande parte de nosso sofrimento ocorre quando permitimos que nossa mente imagine o futuro ou medite sobre o passado. E, mesmo assim, poucas pessoas se satisfazem com o que está na frente delas naquele exato momento. Nosso desejo de enxergar as coisas de forma diferente do que elas de fato são leva nossa mente a um mundo irreal e torna mais difícil a arte de aproveitar as coisas que o presente tem para nos oferecer. Nossa mente abandona a realidade do presente quando preferimos a irrealidade do passado ou a do futuro. Para tentar entender meus lapsos de concentração, tive de refletir sobre o que estava realmente desejando, e logo percebi que tinha mais desejos do que simplesmente jogar tênis quando estava em quadra. Em outras palavras, eu não estava só jogando tênis. Parte do processo de manter a mente concentrada é conhecer e resolver esses conflitos entre seus desejos, suas ambições; o capítulo seguinte tenta elucidar esse processo.

8
OS JOGOS QUE ACONTECEM NA QUADRA

É óbvio para qualquer espectador que há muito mais do que apenas tênis sendo jogado em uma quadra. Não importa se o jogo é em um clube, em um parque ou em uma quadra particular, os jogadores certamente estarão vivenciando diversos tipos de emoção. Não é raro ver tenistas a chutar o ar, cerrar os punhos em comemoração, dançar, praguejar, gritar; as raquetes são arremessadas para todos os lados, seja por raiva, irritação ou felicidade. Algumas bolas boas são consideradas "fora" e vice-versa. Os juízes de linha recebem ameaças, os gandulas tomam bronca e até algumas amizades são questionadas. As expressões dos tenistas costumam denotar, em sucessões rápidas, sentimentos como vergonha, orgulho, êxtase e desespero. Grandes expectativas costumam levar à ansiedade, e a petulância à decepção. Raiva e agressividade em variados graus de intensidade são expressos tanto discreta quanto abertamente. Para aqueles que têm menos contato com o esporte, fica difícil acreditar que todo esse drama pode estar contido em uma quadra de tênis, e no espaço de tempo de uma partida.

As atitudes do tenista durante uma partida não têm limites. Suas respostas emocionais podem ser observadas em quadra e, além disso, pode-se notar o aspecto motivacional de cada indivíduo. Alguns só se preocupam com a vitória. Outros são muito eficientes em evitar a derrota, mas não conseguem conquistar um match-point quando surge a oportunidade. Muitos não se importam com a eficácia do jogo, mas sim com sua exuberância estética. Outros não dão a mínima para isso. Alguns tentam enganar o adversário; outros enganam a eles mesmos. Alguns adoram se gabar por suas conquistas, enquanto outros tantos só reclamam de suas falhas. Existem ainda aqueles que só estão na quadra por diversão e exercício.

Em seu conhecido livro, *Os jogos da vida*, Eric Berne descreve os jogos subliminares que existem por trás das interações humanas. Ele deixa claro que o que *parece* estar acontecendo entre as pessoas é apenas parte de um contexto maior. A mesma teoria parece ser válida em uma quadra de tênis; e para ter um jogo eficiente, deve-se saber o máximo possível sobre ele. Sendo assim, coloco mais adiante um pequeno guia dos jogos que acontecem na quadra, seguidos por uma reflexão pessoal sobre minha busca dos jogos que realmente valem a pena praticar. Fica a sugestão de não adotar esses jogos como exercício de autoanálise, mas sim como ferramenta para aumentar a diversão durante a prática do tênis. É difícil se divertir ou concentrar-se adequadamente quando temos nosso ego engajado em uma "batalha de vida-ou-morte". O Ser 2 nunca terá a chance de expressar sua espontaneidade e excelência enquanto o Ser 1 estiver envolvido em um pesado jogo que envolve sua autoimagem. Todavia, pode-se conseguir certo grau de liberdade se reconhecermos os jogos do Ser 1. E, quando isso acontece, você pode identificar precisamente os jogos praticados e escolher o que mais lhe agrada e o ajuda.

Antes de mais nada, vamos conceituar "jogo". Todo jogo envolve pelo menos um jogador, um objetivo, alguns obstáculos entre o jogador e sua meta, um campo (mental ou físico) em que o jogo ocorre, e um motivo pelo qual jogar.

O guia a seguir contém três categorias de jogo, cada um com seus objetivos e motivos. Eles se chamam "Jogar bem", "Amizade" e "Saúde e lazer", e podem ser jogados tanto dentro quanto fora das quadras. Cada um desses jogos possui subcategorias, com objetivos e motivações próprios, e podem também ter variações. Além disso, muitas pessoas costumam jogar modalidades híbridas, que misturam dois ou três jogos de uma só vez.

JOGO 1: "JOGAR BEM"

OBJETIVO PRINCIPAL: Atingir a excelência no seu jogo.

MOTIVAÇÃO PRINCIPAL: Provar a você mesmo que pode jogar bem.

SUBCATEGORIA A: PERFEIÇÃO

Tese: Aonde posso chegar? Nesta subcategoria, a qualidade de seu jogo é mensurada tomando como base um padrão de desempenho. No golfe, por exemplo, o padrão de desempenho é o *par*; no tênis, pode-se adotar expectativas preestabelecidas por nós mesmos, ou por nossos pais, amigos ou técnicos.

Objetivo: Atingir a perfeição; ou o maior padrão possível de jogo.

Motivação: Desejo de autoafirmação.

Obstáculos:

Exteriores – A eterna lacuna entre a ideia de perfeição de um indivíduo e sua real habilidade.

Interiores – Autocrítica por não atingir a perfeição, que leva à desmotivação, ao excesso de esforço compulsivo e ao aumento da dúvida sobre a sua capacidade (motivação inicial do jogo).

SUBCATEGORIA B: COMPETIÇÃO

Tese: Sou melhor que você. Nesta subcategoria, a qualidade de seu jogo é mensurada com base no desempenho de outros tenistas, em vez de em um padrão de desempenho. Máxima: não importa se jogo bem, o que importa é vencer, e não perder.

Objetivo: Ser o melhor; vencer; derrotar os oponentes.

Motivação: Desejo de chegar ao topo. Necessidade de ser admirado e exercer controle.

Obstáculos:
Exteriores – Sempre há alguém que pode vencê-lo; um jovem adversário pode aparecer e superá-lo.
Interiores – A preocupação da mente em compará-lo com os demais jogadores, impedindo a ação espontânea; alternância entre pensamentos de inferioridade e superioridade, dependendo do estágio da competição; medo de perder.

SUBCATEGORIA C: IMAGEM
Tese: Olhe para mim! A qualidade do jogo é mensurada por sua aparência. O estilo é mais importante que a vitória ou que a competência.
Objetivo: Parecer bom, rápido, forte, brilhante, suave a gracioso.
Motivação: Desejo de atrair a atenção das pessoas e de ser elogiado.
Obstáculos:
Exteriores – Não existe perfeição quando se trata de aparência. O que é belo para alguns, pode não ser para outros.
Interiores – Confusão sobre quem o jogador realmente é. Medo de não agradar a todos e de uma solidão imaginária.

JOGO 2: "AMIZADE"
OBJETIVO PRINCIPAL: Fazer amigos ou cultivar amizades.
MOTIVAÇÃO PRINCIPAL: Desejo de cultivar amizades.

SUBCATEGORIA A: *STATUS*
Tese: Gostamos de jogar tênis no nosso clube. Não importa se você é bom, o que é importa é onde você joga e quem são seus companheiros de jogo.
Objetivo: Manter ou melhorar o *status* social.
Motivação: Desejo de cultivar amizades de interesse social.

Obstáculos:
Exteriores – Custo de se manter socialmente ativo entre seu grupo de interesse.
Interiores – Medo de perder a posição social.

SUBCATEGORIA B: REUNIDOS
Tese: Todos os meus amigos jogam tênis. Jogo para estar próximo de meus amigos. Jogar muito bem seria um erro.
Objetivo: Encontrar novos amigos ou cultivar os que já existem.
Motivação: Aceitação social e amizades.
Obstáculos:
Exteriores – Encontrar o tempo, o local e os amigos.
Interiores – Medo do ostracismo.

SUBCATEGORIA C: MARIDO E MULHER
Tese: Meu marido (ou esposa) está sempre jogando, então...
Objetivo: Ficar junto do cônjuge.
Motivação: Solidão.
Obstáculos:
Exteriores – Tornar-se bom o suficiente para jogar com o cônjuge.
Interiores – Duvidar que a solidão possa ser superada dentro da quadra de tênis. (Ver também os obstáculos internos para a subcategoria "Perfeição".)

JOGO 3: "SAÚDE E LAZER"
OBJETIVO PRINCIPAL: Saúde física e mental ou lazer.
MOTIVAÇÃO PRINCIPAL: Saúde e/ou diversão.

SUBCATEGORIA A: SAÚDE
Tese: Joga por aconselhamento médico, ou como parte de um projeto de melhoria física ou estética.

Objetivo: Praticar um exercício, suar, relaxar a mente.
Motivação: Saúde, vitalidade, desejo de prolongar a juventude.
Obstáculos:
Exteriores – Encontrar alguém com a mesma motivação para ser seu parceiro de treino e jogo.
Interiores – Duvidar que o tênis vai de fato ajudar. Acabar seduzido pela proposta do "Jogar bem".

SUBCATEGORIA B: DIVERSÃO
Tese: Não jogar para vencer, nem para jogar bem.
Só para a diversão.
(Dificilmente encontra-se alguém que jogue dessa forma.)
Objetivo: Divertir-se a valer.
Motivação: O prazer de jogar em vez da excelência.
Obstáculos:
Exteriores – Nenhum.
Interiores – Acabar seduzido pelos jogos do Ser 1.

SUBCATEGORIA C: APRENDIZADO
Tese: Jogar seguindo o desejo do Ser 2 de aprender e aprimorar o jogo.
Objetivo: Desenvolvimento.
Motivação: Prazer em aprender.
Obstáculos:
Exteriores – Nenhum.
Interiores – Acabar seduzido pelos jogos do Ser 1.

Essas três últimas subcategorias podem ser praticadas simultaneamente, sem interferências entre elas. Todas têm harmonia com os desejos inatos do Ser 2.

A ÉTICA COMPETITIVA E O AMADURECIMENTO DO "JOGAR BEM"

Muitos tenistas que levam o esporte a sério, independentemente dos motivos que os levaram a praticar a atividade, acabam exercendo, de alguma forma, o "jogar bem". Muitos começam a jogar tênis como uma atividade de fim de semana, para se exercitar e aliviar a pressão do dia a dia, mas acabam estabelecendo padrões de excelência inatingíveis e, como consequência, acabam frustrados e ainda mais tensos, tanto na quadra quanto fora dela.

Como a qualidade do tênis de um indivíduo pode ter tanta importância a ponto de causar ansiedade, raiva, depressão e insegurança? A resposta parece estar profundamente relacionada com um padrão básico de nossa cultura. Vivemos em uma sociedade que valoriza as conquistas e que mede a competência das pessoas com base em seus sucessos em diferentes desafios. Mesmo antes de sermos elogiados ou condenados ao receber nosso primeiro boletim escolar, já éramos amados ou ignorados por nossas primeiras ações. E, desde então, a mensagem básica ficava clara: você será uma boa pessoa, merecedora de respeito, se obtiver sucesso no que fizer. É claro que as atividades que precisam ser bem feitas para ganhar reconhecimento variam de família para família, mas o equilíbrio entre o valor de um indivíduo e seu desempenho parece ser universal.

E esse equilíbrio acaba adquirindo uma importância muito grande, já que cada uma de nossas ações em busca de uma nova conquista torna-se um critério para definir o nosso valor.

Se, por exemplo, alguém é ruim no jogo de golfe, deixa de alguma forma implícito que não merece o respeito dos outros. Por outro lado, se ele for um bom golfista, ganhará reconhecimento imediato. Se for o campeão do clube, será considerado um grande vencedor e, por consequência, mais importante na sociedade. Seguindo essa lógica, o inteligente, bonito e competente tende a ser reconhecido como uma pessoa *melhor*.

Em uma sociedade competitiva, em que o amor e o respeito dependem da vitória ou do bom desempenho, é inevitável (já que para todo vencedor existir, deve haver um perdedor; e para toda a grande performance, desempenhos inferiores para servir de referência) que muitas pessoas venham a sentir falta desses sentimentos. É claro que essas pessoas irão se esforçar para conquistar o respeito que lhes falta, e que os vencedores também vão lutar para manter o respeito que conquistaram. Sabendo disso, não é difícil perceber por que jogar bem é tão importante para todos nós.

Mas quem disse que devo ser avaliado por meu desempenho? Na verdade, quem disse que eu devo ser avaliado? Para se livrar dessa armadilha, é necessário ter a clara convicção de que o valor de uma pessoa não pode ser avaliado por seu desempenho – ou por qualquer outro meio de medir a performance. É possível medir o valor de um ser humano? Não faz sentido avaliar um ser humano tendo como base referências imensuráveis. Na verdade, somos o que somos; *não* somos o que nosso desempenho demonstra. A nota no boletim pode medir sua habilidade em matemática, mas não mede seu valor. O placar de uma partida de tênis pode mostrar como foi sua performance, ou quanto esforço você aplicou em tentar vencer, mas não o define como pessoa, nem dá razão para que você se considere melhor ou pior depois de ter jogado.

MINHA BUSCA POR UM JOGO QUE VALHA A PENA

Quando cheguei à estatura que me possibilitava enxergar sobre a rede, meu pai me iniciou no tênis. Eu jogava casualmente, com minha irmã mais velha e meus primos, até chegar aos onze anos, quando tive minhas primeiras aulas com um jovem professor que se chamava John Gardiner, em Pebble Beach, Califórnia. Naquele mesmo ano, joguei meu primeiro torneio para tenistas com menos de onze anos, o National Hardcourt Championships. Na noite anterior à minha estreia, sonhei com a possibilidade de conquistar um título surpreendente. Minha primeira partida foi uma vitória nervosa, porém fácil. Já o segundo jogo foi contra o segundo cabeça de chave e terminou com uma derrota por 6-3, 6-4. Chorei amargurado, mas não tinha ideia de por que vencer era tão importante para mim.

Nos anos seguintes, joguei tênis todos os dias. Nas férias de verão, eu acordava às sete da manhã, preparava meu próprio café da manhã e percorria vários quilômetros a pé até as quadras de Pebble Beach. Eu costumava chegar cerca de uma hora antes de todos os outros, e batia forehands e backhands incansavelmente no paredão. Durante o dia, jogava de dez a quinze sets, fazia exercícios e aulas e não parava de praticar até não haver mais luz para enxergar a bola. Por quê? De fato, não sei. Se alguém me perguntasse, eu diria que era porque gostava de tênis. E embora isso fosse parcialmente verdade, o motivo principal era meu envolvimento profundo com o jogo da "perfeição". Precisava provar algo para mim mesmo. Achava importante vencer nas competições, mas queria jogar bem todos os dias; queria ficar cada vez melhor. Meu raciocínio era que eu normalmente iria perder, mas sempre poderia surpreender a todos com uma vitória. Era difícil me vencer, mas eu também tinha dificuldades em fechar minhas partidas com vitória. E embora eu odiasse perder, não sentia prazer em derrotar a outra pessoa; achava aquilo um pouco embaraçoso. Trabalhava duro e nunca parava de tentar aprimorar meus golpes.

Aos quinze anos venci o National Hardcourt Championship na divisão juvenil, e senti a grande excitação de conquistar um título importante. Alguns dias antes, naquele mesmo verão, participei de outro torneio, o National Championship de Kalamazoo, e perdi nas quartas de final para o cabeça de chave número sete por 3-6, 6-0, 10-8. No último set, cheguei a liderar o placar por 5-3, com 40-15 no game de meu serviço. Estava nervoso, mas otimista. No primeiro match-point, cometi uma dupla-falta ao tentar fazer um ace no segundo saque. No segundo, errei um voleio extremamente fácil, diante de uma arquibancada lotada. Repeti aquele match-point em meus sonhos por anos e anos, e ele permanece claro em minha memória até hoje, depois de cerca de vinte anos. Por quê? Que diferença aquele momento fez em minha vida? Essa pergunta nunca me ocorreu.

Na época em que entrei na faculdade, já havia desistido da ideia de provar meu valor com a conquista de campeonatos, e estava satisfeito em ser "um bom amador". Concentrava minha energia em empreitadas intelectuais, às vezes, por mera obrigação acadêmica e, outras vezes, por uma busca individual pela verdade. A partir do meu segundo ano, comecei a jogar tênis pela minha universidade, e percebi que nos dias em que meus trabalhos acadêmicos iam mal, meu desempenho nas quadras também deixava a desejar. Eu me esforçava para provar em quadra o que não conseguia explicar nas aulas, mas a falta de confiança em uma área geralmente afetava a outra. Felizmente, o inverso também acontecia. Durante os quatro anos de competições universitárias, estive nervoso em quase todos os jogos que disputei. Quando cheguei ao último ano fui eleito capitão de nosso time. Nessa época, lembro-me de acreditar que a competição não provava nada a ninguém, mas ainda assim ficava nervoso quando competia.

Depois de me formar, interrompi meu contato com o tênis competitivo por dez anos e embarquei em uma carreira na área da educação. Ensinava inglês na Exeter Academy em New Hampshire, e lá percebi que mesmo as crianças mais inteligentes eram afetadas por interferências no processo de aprendizado acadêmico. Depois fui oficial da marinha americana, com treinamento no U.S.S. *Topeka*, e lá tomei ciência de como o sistema norte-americano de educação é pobre e como os métodos de treinamento são retrógrados. Quando saí da marinha, juntei-me a um grupo de idealistas que queriam fundar uma escola de arte liberal na região norte de Michigan. Durante os cinco anos de existência dessa escola, cultivei um crescente interesse em aprender, em métodos de aprendizado, e em ajudar as pessoas a aprender. Estudei o trabalho de Abraham Maslow e Carl Rogers no fim da década de 1960, e estudei a teoria do aprendizado na Claremont Graduate School, mas nunca cheguei a conceber alguma descoberta reveladora até o verão de 1970, quando tirei "férias" de meus estudos e fui dar aulas de tênis. Fiquei interessado na teoria do esporte e, naquele mesmo verão, comecei a fazer descobertas sobre seu processo de aprendizado. Decidi continuar a dar aulas de tênis e desenvolvi o que hoje estamos chamando de Jogo Interior – um método de aprendizado que parecia ser extremamente eficaz com meus alunos, e que também ajudava meu próprio jogo. Depois de aprender um pouco sobre a arte da concentração, a qualidade de meu jogo evoluiu rapidamente, e em um curto período de tempo já estava jogando de forma consistente e melhor do que nunca. Depois que me tornei o instrutor principal do Meadowbrook Club em Seaside, Califórnia, percebi que, apesar de não ter muito tempo para praticar meus próprios golpes, podia aplicar os princípios que estava utilizando em minhas aulas para manter a qualidade de meu próprio jogo. Como resultado, eu raramente era derrotado em jogos disputados com qualquer tenista da região.

Certo dia, depois de fazer uma ótima partida contra um grande tenista, comecei a imaginar como me sairia em uma competição oficial. Eu estava muito confiante, mas ainda não havia testado meu jogo contra tenistas ranqueados. Então decidi me inscrever em um torneio no Berkeley Tennis Club, que contava com a presença de jogadores de altíssimo nível. No fim de semana do torneio, viajei a Berkeley confiante, mas assim que cheguei ao local comecei a questionar minhas habilidades. Todos os atletas pareciam ser altos e fortes, e carregavam cinco ou seis raquetes em suas bolsas. Reconheci muitos deles das revistas de tênis que lia, mas ninguém pareceu me reconhecer. O clima era diferente do que eu estava acostumado. Em Meadowbrook, eu era a atração principal. De uma hora para outra, meu otimismo se transformava em pessimismo. Eu estava duvidando de meu jogo. Por quê? O que havia mudado em meu jogo desde a hora em que saí de meu clube, três horas atrás?

Minha primeira partida foi contra um tenista que de fato era muito alto. Ele tinha cerca de 1,95m, mas só tinha três raquetes. Quando caminhamos para dentro da quadra, meus joelhos pareciam um pouco trêmulos, e meu pulso não parecia tão firme. Tentei acertar a firmeza do pulso diversas vezes, apertando minha mão na raquete. Comecei a pensar no que iria acontecer durante o jogo. Mas quando começamos a trocar bolas no aquecimento, logo percebi que meu oponente não era tão bom quanto eu estava imaginando. Se fosse meu aluno, saberia exatamente quais os defeitos que precisariam de correção. Classifiquei-o como um "jogador de clube acima da média", e fiquei mais tranquilo.

Contudo, uma hora depois, com o placar em 4-1 a seu favor no segundo set, e depois de ter perdido o primeiro set por 6-3, comecei a perceber que estava prestes a perder para o "jogador de clube acima da média". Eu não estava bem na partida, errava golpes fáceis e meu jogo estava inconsistente. Minha concentração parecia estar desativada, meus golpes caíam a poucos centímetros fora da quadra e meus voleios batiam na fita da rede.

Mas quando meu adversário percebeu que estava muito próximo de uma vitória tranquila, começou a vacilar. Não sei o que se passava em sua cabeça, mas ele não conseguia concluir a partida. Ele então perdeu o segundo set por 7-5 e o seguinte por 6-1. Todavia, quando saímos da quadra, eu não sentia que tinha vencido a partida, mas sim que meu oponente a havia perdido.

Imediatamente comecei a pensar em minha partida seguinte, que seria contra um tenista bem ranqueado do norte da Califórnia. Eu sabia que ele tinha mais experiência em competições do que eu e, provavelmente, era também mais habilidoso. Eu sabia também que se jogasse da mesma forma que joguei na primeira rodada, seria facilmente derrotado. Mas meus joelhos ainda tremiam, minha mente parecia não conseguir se concentrar e eu estava nervoso. Resolvi me isolar e refletir um pouco comigo mesmo. Perguntei mentalmente: "Qual a pior coisa que pode acontecer?".

A resposta era fácil: "Posso perder por 6-0, 6-0". "E o que aconteceria depois disso?"

"Bem... Eu seria eliminado do torneio e voltaria para Meadowbrook. As pessoas perguntariam como eu havia me saído. Eu diria que perdi na segunda rodada para aquele jogador."

Eles responderiam com complacência: "Ah, ele é muito bom. Qual foi o placar?". E então eu teria de confessar; perdi os dois sets "de zero".

"E o que aconteceria depois?". Perguntei a mim mesmo.

"Bem, a notícia de que tomei uma surra em Berkeley se espalharia rapidamente, mas depois de algum tempo eu voltaria a jogar bem e tudo voltaria a ser como antes."

Tentei ser o mais honesto possível em tentar prever as consequências do pior resultado possível. Não seria agradável, mas também não seria insuportável – certamente não chegaria a me deixar triste e depressivo. Decidi então mudar o cenário: "Qual a melhor coisa que pode acontecer?".

E novamente a resposta era óbvia: "Posso vencer por 6-0, 6-0". "E o que aconteceria depois?"

"Eu passaria para a próxima fase e jogaria outra partida, e depois mais uma, até que fosse derrotado. Em um torneio desse nível, seria o fim inevitável. Depois voltaria para meu clube, contaria a todos como foi meu desempenho, ganharia alguns tapinhas nas costas, e tudo voltaria a ser como antes."

Permanecer no torneio por mais algumas rodadas não parecia uma opção atrativa. Então fiz para mim mesmo uma pergunta definitiva: "Então o que *realmente* quero?".

A resposta foi inesperada. Percebi que o que eu realmente queria era superar meu nervosismo, que estava me impedindo de jogar meu melhor tênis e de aproveitar a ocasião com prazer. Eu queria superar o obstáculo interior que me perseguiu durante toda a minha vida como jogador. Queria vencer o jogo *interior*.

Depois dessa reflexão e de perceber o que realmente queria, fui para a minha partida com um novo entusiasmo. No primeiro game, cometi três duplas-faltas e perdi meu serviço, mas depois disso, comecei a sentir uma grande segurança. Era como se um grande peso tivesse sido retirado de minhas costas, e minhas energias estivessem agora plenamente restabelecidas. Não consegui quebrar o serviço de meu oponente, que era canhoto e sacava com muito efeito, mas não perdi mais nenhum serviço até o último game do segundo set. Perdi o jogo por 6-4, 6-4, mas saí da quadra com uma sensação de vitória. Eu havia perdido o jogo exterior, mas venci o jogo que realmente queria, meu *próprio* jogo, e me senti muito feliz. Na verdade, quando um amigo me perguntou sobre o resultado do jogo, quase disse que venci!

Pela primeira vez reconheci a existência do Jogo Interior e sua importância para mim. Eu não conhecia as regras desse jogo, nem exatamente qual era seu objetivo, mas sentia que quando vencia esse jogo, ganhava mais do que apenas um troféu.

O SIGNIFICADO DA COMPETIÇÃO

Na cultura ocidental contemporânea há muita controvérsia sobre a importância da competição. Um segmento da sociedade consideram-na muito importante, e acreditam que o progresso e a prosperidade do Ocidente são consequências da competitividade. Outro segmento defende que a competição é ruim; ela estabelece a superioridade de uma pessoa sobre outra, e é portanto separatista, pois cria uma inimizade entre os indivíduos e estimula a falta de cooperação. Aqueles que valorizam a competição se interessam por esportes como futebol, vôlei, tênis e golfe. Já os que pensam na competição como uma forma de hostilidade legalizada tendem a valorizar esportes menos competitivos e mais recreativos, como surfe, *frisbee* ou corrida; e quando jogam tênis ou futebol, tentam praticar sem competir. Para eles, cooperar é melhor do que competir.

Há muitos argumentos que apoiam a tese daqueles que são contra a competição. Conforme relatado no capítulo anterior, as pessoas tendem a se tornar delirantes quando submetidas a situações competitivas. É fato que muitos utilizam a competição como forma de extravasar a agressão; é um terreno em que se estabelece quem é mais forte, mais intenso ou mais inteligente. Imagina-se que ao derrotar outro indivíduo se estabelece uma relação de superioridade, não só no jogo, mas também na vida. Mas o que poucos reconhecem é que a necessidade de se autoafirmar é na verdade uma demonstração de insegurança e dúvida. Só aqueles que não têm certeza do que são precisam provar suas qualidades para eles mesmos e para os outros.

Mas é justamente no momento em que a competição é utilizada como meio de criar uma autoimagem do indivíduo que suas piores características aparecem; os medos e frustrações habituais ganham proporções exageradas. Se alguém acredita que jogar mal pode significar ser uma pessoa inferior, é natural que um golpe errado seja motivo de extrema decepção. E é claro que esse insucesso irá dificultar mais ainda a tentativa desse indivíduo de jogar em alto nível. A competição não seria um problema se não envolvesse tão profundamente a autoimagem de um determinado indivíduo.

Já dei aulas para muitas crianças e adolescentes que acreditavam que só teriam seu valor reconhecido se tivessem um bom desempenho no tênis ou em outras atividades. Para eles, jogar bem e vencer era uma questão de vida ou morte. Eles estão sempre analisando seu desempenho e comparando-o com o de seus amigos. E o tênis serve como parâmetro de medição. A impressão que fica é que eles pensam que só terão amor e respeito se forem os melhores, os vencedores. Muitos pais procuram alimentar esse tipo de crença em seus filhos. Porém, o processo de medir o aprendizado com base em habilidades e conquistas acaba tomando uma grande dimensão, e o verdadeiro valor do indivíduo é ignorado. Crianças que aprenderam a se autoavaliar por este método costumam se tornar adultos que têm uma compulsão pelo sucesso, ignorando tudo o que não estiver nesse caminho. O problema é que esses adultos não irão encontrar o sucesso que procuram, e além disso não conquistarão o amor e o respeito que imaginavam ganhar com a vinda das conquistas. Outro ponto negativo é que enquanto essas pessoas estão imersas na busca do sucesso mensurável, deixam de desenvolver outras potencialidades. Alguns nunca encontrarão tempo para coisas simples, como apreciar as belezas da natureza, expressar seus sentimentos de amor às pessoas próximas, ou refletir sobre o verdadeiro propósito de sua existência.

E enquanto alguns parecem presos pela compulsão pelo sucesso, outros parecem se rebelar contra esse sentimento. Inconformados com as crueldades e as limitações envolvidas no padrão cultural que tende a valorizar apenas o vencedor e ignorar até as qualidades positivas do derrotado, eles criticam veementemente a competição. Dentre os mais revoltados desse grupo estão os jovens que sofreram a pressão da competição imposta por seus pais ou pela própria sociedade. Quando dou aulas para jovens com esse perfil, percebo que eles têm um desejo de falhar. Eles parecem buscar o fracasso, nem sequer tentam ter sucesso. Eles parecem estar paralisados. Ao não tentar acertar, eles adquirem um álibi: "Eu posso ter perdido, mas não importa, porque na verdade eu nem sequer tentei de verdade". Mas eles não admitem que se tivessem realmente tentado e perdessem, iriam de fato se importar. E essa derrota estaria diretamente relacionada com seu valor como indivíduo. Essa linha de raciocínio não é diferente da do competidor que quer mostrar a todos o seu valor. Em ambos os casos, quem está no comando é o ego do Ser 1; ambos estão baseados na premissa errada de que o respeito do indivíduo depende de como é seu desempenho em relação aos outros. Ambos representam o receio de não satisfazer as expectativas. E somente quando esse incômodo receio começa a desaparecer é que descobrimos o verdadeiro significado da competição.

Minha atitude pessoal em relação à competição passou por diversas evoluções até chegar ao meu atual ponto de vista. Já escrevi no capítulo anterior que fui criado para acreditar na competição. Tanto jogar bem quanto vencer eram muito importantes para mim. Mas a partir do momento em que comecei a explorar o processo de aprendizado do Ser 2, tanto em minhas aulas quanto em meu próprio jogo, tornei-me muito pouco competitivo. Em vez de tentar vencer, decidi tentar apenas jogar de forma bonita e correta; em outras palavras, comecei a praticar uma forma pura do jogo da "perfeição". Meu objetivo era ignorar totalmente como estava meu desempenho comparado ao de meu adversário, e prestar atenção unicamente na excelência de meus golpes. Muito bonito; eu praticamente bailava pela quadra, com muita fluidez, acurácia e "sabedoria".

Mas faltava algo. Eu não tinha nenhum desejo pela vitória e como consequência me faltava também determinação. Eu achava que era o desejo pela vitória que abria as portas da mente para o ego, mas em determinado momento comecei a questionar se realmente não havia alguma forma de desejar a vitória que não levasse em conta a satisfação do ego. Será que era possível ter determinação sem me contaminar com os medos e frustrações que acompanham o processo de satisfação do ego? O desejo de vencer sempre vai significar que eu quero ser melhor que alguém?

Certo dia tive uma experiência interessante que me convenceu de maneira surpreendente que jogar apenas de forma bonita e correta não era tudo no tênis. Eu estava tentando sair com uma garota, e ela já havia recusado meus convites em duas oportunidades, mas sempre com desculpas bem aceitáveis. Finalmente, combinamos um jantar. No dia do encontro, depois que havia terminado minhas aulas, outro professor me convidou para jogar uma partida. "Eu adoraria, Fred", respondi, "mas hoje não posso". Naquele mesmo momento, fui informado que havia uma ligação para mim. "Espere, Fred", disse eu. "Se for a ligação que estou pensando, você vai ganhar um adversário para sua partida. Espere e verá!" E a chamada era de fato a que eu temia. A desculpa para cancelar o encontro era mais uma vez válida, e a garota foi tão simpática que não pude sequer ficar irritado com ela. Mas quando desliguei o telefone, percebi que estava furioso. Peguei minha raquete, corri para a quadra e comecei a rebater as bolas com uma força até então inédita para mim. E, para minha surpresa, eram bolas boas. Mantive o nível depois do aquecimento, e não parei de atacar até o final da partida.

Mesmo em pontos importantes, tentava a bola vencedora. E sempre conseguia. Estava jogando com uma determinação incomum, mesmo quando estava liderando o placar; na verdade, estava fora de mim. De alguma forma a raiva me fez ultrapassar minhas limitações preconcebidas; ela me levou além da área de perigo. Depois da partida, Fred apertou minha mão sem parecer abatido. Ele caiu no olho de um furacão, mas acabou se divertindo tentando escapar. Na verdade, joguei tão bem que ele pareceu feliz por ter testemunhado. De fato, ele merecia algum crédito como coadjuvante daquela performance.

Não quero defender a ideia de que jogar com raiva é a chave para a vitória. Meu sucesso deveu-se mais à sinceridade de meu jogo. Eu estava com raiva naquela noite e, em vez de fingir algo diferente, expressei meu sentimento de forma apropriada através de meu tênis. Eu me senti bem e atingi meu objetivo.

O SIGNIFICADO DA VITÓRIA

O verdadeiro significado da competição não se revelou para mim até tempos depois, quando comecei a fazer novas descobertas sobre o desejo de vencer. A grande descoberta sobre o significado da vitória me ocorreu em um dia em que estava tendo uma discussão com meu pai, que conforme já mencionado, me introduziu ao mundo competitivo e se considerava um grande competidor, tanto nos esportes quanto nos negócios. Já havíamos debatido sobre competição muitas vezes, e minha posição era que competir não era saudável e exteriorizava o que havia de pior nas pessoas. Mas nessa conversa, especificamente, os argumentos foram além.

Comecei minha argumentação utilizando o surfe como exemplo de atividade recreativa que não envolvia competição. Depois de refletir sobre minha teoria, meu pai perguntou: "Mas os surfistas não competem com as ondas que pegam? Eles não tentam evitar a força das ondas e explorar suas fraquezas?".

"Sim, mas eles não competem com outra pessoa; eles não estão tentando vencer alguém", respondi.

"Concordo, mas todos eles estão tentando permanecer na onda até o fim, não é?"

"Sim, mas o verdadeiro objetivo do surfista é fluir com a onda e talvez atingir sua individualidade dentro dela." Mas foi aí que percebi. Meu pai estava certo; o surfista quer permanecer na onda até o fim, mas mesmo assim ele fica à espera da maior onda que ele acha que pode pegar. Se ele quisesse apenas fluir com a onda, ele poderia escolher uma onda menor. E por que ele espera a onda grande? A resposta era simples e ajudava a entender a verdadeira natureza da competição: o surfista espera pela onda grande porque ele valoriza o desafio que ela representa. Ele valoriza os obstáculos que a onda coloca entre ele e seu objetivo final, que é permanecer na prancha até a onda desaparecer. Por quê? Porque são os obstáculos impostos pela onda, seu tamanho e sua potência que extraem do surfista seu maior esforço. Somente quando enfrenta as ondas grandes ele precisa utilizar toda a sua habilidade, sua coragem e concentração; e só nesse momento ele consegue descobrir seus verdadeiros limites, chegar a seu máximo desempenho. Em outras palavras, quanto mais desafiador o obstáculo, maior a oportunidade para que o surfista descubra e explore seu potencial. Muitas vezes, o indivíduo tem uma capacidade dentro de si, mas ela permanece adormecida até que seja manifestada por uma ação. E os obstáculos são um ingrediente necessário para esse processo de descoberta interior. Perceba que, no exemplo do surfista, ele não quer provar nada, nem para ele nem para o resto do mundo. Ele está simplesmente envolvido na exploração de suas capacidades. Ele vivencia íntima e diretamente seus recursos e por consequência aumenta seu autoconhecimento.

A partir desse exemplo, o verdadeiro significado da vitória ficou claro para mim. *Vencer é superar obstáculos para chegar a um objetivo, mas o valor da vitória é só equivalente ao valor do objetivo atingido.* Alcançar o objetivo isoladamente pode não ser tão recompensador quanto a experiência que se adquire ao superar os obstáculos envolvidos no processo. E por isso, em alguns casos, a vitória é menos importante que o caminho que levou o indivíduo até ela.

Quando reconhecemos a importância da existência de obstáculos, fica fácil entender o verdadeiro benefício que pode ser obtido nos esportes competitivos. No tênis, quem é responsável por apresentar os obstáculos necessários para que um indivíduo eleve seus limites? O adversário, é claro! Mas então o oponente é um amigo ou um inimigo? Ele pode ser visto como um amigo, pois está fazendo o que pode para dificultar as coisas para você. Desempenhando o papel de inimigo, ele está na verdade sendo seu amigo. E competindo com você, ele coopera para sua melhora! Diferente do surfista à espera da grande onda, ninguém entra em uma quadra de tênis e fica à espera de o desafio chegar. É obrigação de seu adversário criar as dificuldades para você, e você tem de apresentar os obstáculos a ele. E somente com essa troca é que se tem a oportunidade de descobrir até onde podemos chegar.

Cheguei portanto à surpreendente conclusão de que a verdadeira competição é idêntica à verdadeira cooperação. Cada jogador dá o melhor de si para derrotar seu adversário, mas, na verdade, ele não está superando a pessoa do outro lado da quadra; são os obstáculos apresentados pelo oponente que precisam ser vencidos. Na verdadeira competição, nenhuma pessoa é derrotada. Os jogadores se beneficiam ao aplicar esforço para tentar superar os desafios apresentados pelo outro. Ambos se fortalecem, e um participa do desenvolvimento do outro.

Essa teoria pode mudar a sua atitude em relação a uma partida de tênis. Em primeiro lugar, em vez de desejar que seu oponente cometa uma dupla-falta, você vai torcer para que ele acerte o primeiro serviço. Esse desejo de que a bola quique dentro da área de saque vai ajudá-lo a construir um estado mental adequado para uma boa devolução. Você vai reagir mais rápido, mover-se melhor e, por consequência, dificultar o jogo de seu oponente. Você vai acreditar na qualidade do jogo de seu oponente e no seu também. E isso vai melhorar seu senso de antecipação. No final do jogo, você vai apertar a mão de seu rival, e independente do resultado do jogo, vai ficar sinceramente agradecido pela cooperação dele.

Sempre achei injusto me aproveitar dos pontos fracos de meus adversários em jogos amistosos. Evitava, por exemplo, mandar bolas no backhand de um oponente, se sabia que aquele era seu ponto fraco. Mas depois de minha descoberta, percebi que estava totalmente enganado! Quanto mais bolas você bater em seu backhand, mais chances dará a ele de melhorar o golpe. Se você tentar ser simpático, e só bater em seu forehand, ele continuará com um backhand fraco. Você não estaria cooperando para sua evolução.

Essa descoberta sobre a real natureza da competição me conduziu a outra mudança brusca em minha maneira de pensar e acabou beneficiando meu jogo. Certa vez, quando eu tinha quinze anos, venci um jogador de dezoito em um torneio local. Depois da partida, meu pai desceu das arquibancadas e me parabenizou efusivamente, mas minha mãe reagiu de forma diferente: "Pobre garoto, ele deve estar se sentindo péssimo por perder de alguém tão mais jovem que ele". Para mim, aquilo foi um claro exemplo de conflito de psique. Sentia-me tanto orgulhoso quanto culpado. Até minha descoberta sobre o real significado da competição, nunca fiquei feliz por derrotar um adversário, e tinha dificuldade de jogar bem quando estava próximo da vitória. Muitos tenistas têm esse mesmo problema, especialmente quando estão prestes a derrotar alguém. Uma das causas desse nervosismo é a falsa noção do significado da competição. Quando penso que estou me valorizando por causa de minha vitória, acabo concluindo, consciente ou inconscientemente, que meu adversário está sendo desvalorizado. Caminho para a glória, mas tenho de afundar o inimigo. Essa crença nos conduz a um desnecessário senso de culpa. Você não precisa exterminar o outro para ser um vencedor; basta perceber que exterminar não é o objetivo do jogo. Hoje, jogo todos os pontos para vencer. Simples assim. Não me preocupo em ganhar ou perder a partida, mas sim em fazer o máximo de esforço em cada ponto, porque percebi que é nessa ação que se encontra o verdadeiro valor do jogo.

Esse máximo de esforço é diferente do esforço excessivo do Ser 1. Ele significa concentração, determinação e confiança. Seu corpo deve "deixar acontecer". Você deve explorar ao extremo sua capacidade física e mental. Assim, competição e cooperação tornam-se uma coisa só.

A diferença entre se preocupar com a vitória e se preocupar em realizar o esforço para vencer pode parecer sutil, mas na realidade, ela significa muito. Quando me preocupo apenas com a vitória, estou focando em algo que não posso controlar totalmente. Ganhar ou perder o jogo exterior é resultado dos esforços e habilidades de meu oponente, comparados aos meus. E quando nos envolvemos emocionalmente em algo que não podemos controlar, ficamos ansiosos e nos esforçamos em excesso. Mas todos nós podemos controlar o *esforço* aplicado para conseguir uma vitória. Podemos fazer o melhor possível em um determinado momento. E já que é pouco provável ter ansiedade em relação a um evento que *podemos* controlar, a simples consciência de que estamos nos esforçando ao máximo nos livra do nervosismo. Como resultado, a energia que seria desperdiçada com a ansiedade e o nervosismo, pode agora ser utilizada para vencer o ponto. E dessa forma aumentamos as nossas chances de vencer o jogo exterior.

Portanto, para o praticante do Jogo Interior, é o esforço de cada momento em deixar acontecer e o foco no aqui e agora, que vão determinar a verdadeira vitória ou derrota. E esse jogo não acaba nunca. Mas ainda deve-se ter um cuidado final: é comum ouvir que grandes conquistas vêm com grandes esforços. Embora eu acredite que isso seja verdade, não é necessariamente correto dizer que todo grande esforço leva a grandes conquistas. Uma sábia pessoa certa vez me disse: "Quando se trata de superar obstáculos, existem três tipos de pessoa. O primeiro tipo vê o obstáculo como intransponível e logo desiste. O segundo tipo vê o obstáculo, diz que pode superá-lo e imediatamente começa a cavar, escalar, pular etc. Já o terceiro tipo de pessoa, antes de agir, tenta encontrar algum ponto de visão que lhe permita enxergar o que há além do obstáculo. Então, somente se a recompensa valer o esforço, ele começa a tentativa de superação".

10
O JOGO INTERIOR FORA DA QUADRA

Até aqui, exploramos o Jogo Interior aplicado ao tênis. Começamos com a constatação de que a maioria de nossas dificuldades no tênis são de origem mental. Como jogadores, tendemos a pensar muito antes e durante nossos golpes; realizamos esforço excessivo para controlar nossos movimentos e ficamos muito preocupados com os resultados de nossas ações e como elas podem impactar nossa própria imagem. Em resumo, nos preocupamos demais e não nos concentramos bem. Para conseguir analisar melhor os problemas mentais de nosso jogo, introduzimos o conceito do Ser 1 e do Ser 2. O Ser 1 é o ego, a mente consciente, que tenta instruir o Ser 2, você e seu potencial, a rebater uma bola. A chave para um tênis espontâneo de alto nível está em resolver a falta de harmonia que normalmente existe entre esses dois seres. Isso requer o aprendizado de diversas habilidades interiores; dentre as mais importantes estão a arte de deixar as autocríticas de lado, deixar que o Ser 2 execute as ações, reconhecer e confiar no processo de aprendizado natural e acima de tudo adquirir experiência prática na arte da concentração relaxada.

Neste ponto, emerge o conceito do Jogo Interior. Essas habilidades interiores não só ajudam de forma significativa o aprimoramento do forehand, do backhand, do saque e do voleio (componentes exteriores do jogo), mas também tem grande valia e aplicabilidade em outros aspectos de nossa vida. Quando um tenista descobre, por exemplo, que aprender a se concentrar é mais importante do que um backhand, ele deixa de ser um praticante do jogo exterior e começa a utilizar o Jogo Interior. Então, em vez de aprender a ter foco para melhorar o seu tênis, ele joga tênis para melhorar o seu foco. Essa é uma mudança crucial de valores, do externo para o interno. E somente quando essa mudança ocorre dentro de um tenista ele consegue se libertar das ansiedades e frustrações que existem naqueles que são dependentes demais dos resultados do jogo exterior. Ele consegue ir além de suas limitações, estabelecidas pelo ego do Ser 1, e conquistar uma nova percepção de seu verdadeiro potencial. A competição então se torna um instrumento interessante, pelo qual cada tenista, por meio de seu esforço máximo, dá ao seu adversário a oportunidade que ele precisa para alcançar novos níveis de sua autoconsciência.

Existem, portanto, dois jogos dentro do tênis: o jogo exterior, que é jogado contra obstáculos apresentados pelo oponente externo, em busca de prêmios ou reconhecimentos também externos; e o outro, o Jogo Interior, jogado contra obstáculos mentais e emocionais, que busca a recompensa do conhecimento interior e da expressão do verdadeiro potencial do indivíduo. Deve-se estar ciente de que ambos os jogos acontecem simultaneamente. Não se escolhe apenas um para jogar, mas sim qual merece prioridade.

Quase todas as atividades que desempenhamos envolvem o jogo exterior e o interior. Sempre existem obstáculos externos entre o indivíduo e seus objetivos externos. Não importa se a meta é dinheiro, educação, reputação, amizade, paz na Terra ou simplesmente um jantar agradável. E os obstáculos interiores também estão sempre presentes; a mesma mente que usamos para obter os objetivos externos pode ser facilmente desviada de seu foco pelas preocupações, arrependimentos ou críticas, gerando internamente dificuldades desnecessárias. É bom saber que enquanto os objetivos externos podem ser muitos e variados, e demandarem diversas habilidades diferentes, os objetivos internos costumam enfrentar o mesmo tipo de obstáculo e demandar as mesmas habilidades para superá-los. Se não for controlado, o Ser 1 é capaz de produzir medos, dúvidas e desilusões, não importando a atividade desempenhada. O foco no tênis é semelhante ao foco necessário para desempenhar qualquer tarefa, até mesmo ouvir uma sinfonia, por exemplo; deixar de lado as autocríticas sobre o seu backhand não é diferente de deixar de julgar o seu filho ou o seu chefe, e aprender a aceitar os obstáculos de uma competição aumenta a habilidade do indivíduo em aceitar e enfrentar as dificuldades que surgem no curso de sua vida. Portanto, todo ganho interior é imediata e automaticamente incorporado ao repertório de atividades de um indivíduo. E é por isso que vale a pena prestar uma atenção especial ao jogo interior.

CONSTRUINDO A ESTABILIDADE INTERIOR

Possivelmente a qualidade mais importante em um ser humano nos dias de hoje seja a capacidade de manter a calma em ambientes que estão em constante mudança. As pessoas que terão mais sucesso em nossa era são as que o filósofo Kipling descreve como "aquelas que conseguem manter a cabeça enquanto todos os outros a estão perdendo". Não se conquista estabilidade interior enterrando a cabeça na terra quando surge o perigo; deve-se adquirir a habilidade de enxergar a verdadeira natureza do que está acontecendo e responder de maneira apropriada. Dessa forma, a reação do Ser 1 não afetará seu equilíbrio interior nem sua clareza.

A instabilidade, por outro lado, é uma condição que pode facilmente nos levar a perder o equilíbrio quando o Ser 1 se decepciona por uma circunstância qualquer. O Ser 1 tende a distorcer sua percepção sobre um evento, nos levando a ações incorretas que, por sua vez, comprometem ainda mais nosso equilíbrio interior – é o chamado círculo vicioso do Ser 1.

E então surge a dúvida: "Como posso controlar minha tensão?". Apesar de cursos e medicamentos tentarem tratar do problema, o nervosismo do Ser 1 dificilmente desaparece. O problema em tentar "controlar a tensão" é que acabamos acreditando que ela é inevitável. A tensão precisa existir para ser controlada. Percebi que o Ser 1 costuma prevalecer quando tentamos combatê-lo. Portanto, é necessária uma abordagem alternativa, que, nesse caso, pode ser simplesmente construir seu próprio equilíbrio. Procure motivar o seu Ser 2, já que quanto mais forte ele fica, mais difícil será desestabilizá-lo, e quando isso acontecer, mais rápida será sua recuperação.

A tensão do Ser 1 é uma espécie de ladrão que, se deixarmos, rouba todo o prazer de nossa vida. Quanto mais eu vivo, mais aprecio o presente que é a vida. É um presente maior do que podemos imaginar e, por isso, perder tempo vivendo sob tensão e nervosismo é um desperdício imenso – dentro ou fora da quadra. Talvez a sabedoria não esteja em encontrar respostas novas, mas sim em reconhecer uma maior profundidade das respostas que já existem. Algumas coisas não mudam. A necessidade de confiar em nós mesmos e de compreender nossa real individualidade nunca vai desaparecer. Deixar de avaliar as pessoas – e a nós mesmos – a partir da lógica "do bom e do ruim", será sempre a porta para enxergar tudo com mais clareza. E a importância de estabelecer claramente suas prioridades, especialmente a principal prioridade de sua vida, nunca deve deixar de existir.

É muito fácil ficarmos tensos e estressados com as pressões que nos atingem no cotidiano. Marido, esposa, chefes, filhos, contas, propagandas e até mesmo a sociedade irão continuar a demandar tempo e dedicação em nossa vida. "Faça isso melhor, faça isso mais vezes, seja assim, não seja assim, faça algo com sua vida, faça como ele, não estamos mudando, mas precisamos mudar." A mensagem não é diferente de "bata na bola desse jeito, ou daquele jeito, você não jogará bem se não o fizer". Algumas vezes essas demandas são introduzidas de forma tão delicada e gentil que parecem já fazer parte de nossa vida; já em outras ocasiões, elas chegam com brutalidade e provocam ações por intermédio do medo. Mas uma coisa é certa: as pressões exteriores sempre virão e tendem a aumentar em quantidade e intensidade. O acesso às informações é cada vez maior, e isso faz com que nossa necessidade de adquirir conhecimento e aprimorar nossas competências também aumente. Por exemplo, a demanda no ambiente profissional aumenta a cada dia para grande parte das pessoas e, junto com ela, aumenta o risco da perda do emprego.

Grande parte de nosso estresse pode ser resumida em uma única palavra: *vinculação*. O Ser 1 torna-se dependente de certos objetos, situações, pessoas e conceitos. E quando ocorre – ou está prestes a ocorrer – uma mudança, ele se sente ameaçado. Livrar-se da tensão não significa necessariamente desistir de algo, mas sim deixar que esse algo aconteça sem sua influência e controle. Trata-se de ser mais independente – não necessariamente isolado, mas mais confiante nos recursos interiores para manter o próprio equilíbrio.

A capacidade de desenvolver a estabilidade interior nos dias de hoje parece ser uma necessidade essencial para uma vida plena. O primeiro passo em direção a essa estabilidade interior é o reconhecimento de que há um ser interior que tem suas próprias necessidades. O ser que carrega todas as suas capacidades e dons, que o auxilia em todas as suas conquistas, também tem demandas. São demandas naturais, que não precisaram ser ensinadas para nós. Cada Ser 2 recebe seus dons logo ao nascer e possui um instinto para utilizá-los naturalmente. Ele quer se divertir, aprender, entender, apreciar, buscar, descansar, ser saudável, sobreviver, ser livre, expressar-se e dar sua contribuição pessoal.

As necessidades do Ser 2 vêm de forma gentil, mas sempre urgente. Um sentimento de satisfação atinge a pessoa sempre que ela está agindo em sincronia com seu ser. A questão fundamental é que tipo de prioridade estamos dando às demandas do Ser 2 em relação às pressões externas? Obviamente, cada indivíduo deve fazer essa pergunta e responder a ela em sua reflexão pessoal.

Assim como muitas outras pessoas, preciso aprender algo muito importante: Como distinguir as necessidades interiores do Ser 2 das demandas exteriores que foram "internalizadas" pelo Ser 1 e são agora tão familiares que parecem ser minhas de fato? Trabalho como autônomo há vinte e cinco anos, e admito que tenho sido meu principal fator de estresse. Contudo, aos poucos, descobri que as demandas que me deixam estressado são aquelas que não me pertencem. Elas foram adquiridas ou inseridas em meu repertório pelos mais variados motivos ou porque ouvi quando era jovem, ou porque todo mundo as aceitava como essencial. E em pouco tempo elas pareciam ser necessárias – e acabavam assim se sobressaindo em relação à sutil, mas insistente urgência de meu próprio ser.

Uma das minhas entrevistas favoritas com um tenista foi a de Jennifer Capriati quando ela tinha apenas quatorze anos de idade. Naquela época, ela jogava torneios de nível mundial e tinha um ótimo desempenho. A repórter perguntou se ela ficava muito nervosa ao jogar contra algumas das melhores tenistas do mundo. Jennifer respondeu que não ficava nada nervosa. Ela disse ainda que considerava um privilégio enfrentar essas tenistas, e que nunca tinha tido tal oportunidade até então. "Mas é claro que quando você chega a uma semifinal de um torneio de nível mundial, tendo apenas quatorze anos de idade e com toda a expectativa que as pessoas estão criando em relação a você, deve haver algum estresse, não?". A repórter queria alguma empatia com sua reflexão, mas a resposta final de Jennifer foi simples, inocente e, do meu ponto de vista, puramente vinda do Ser 2: "Se eu sentisse medo ao jogar tênis, não faria sentido continuar jogando!", exclamou. E a repórter desistiu de insistir no tema.

Talvez o leitor mais crítico pense: "Mas veja o que aconteceu com a Jennifer depois". Sim, ela teve algumas dificuldades em conter o Ser 1, mas nunca deixou de lutar. E a batalha nunca acaba. O Ser 1 não desiste facilmente, nem o Ser 2. Tenho certeza de que o Ser 2 de Jennifer permanece intacto. E todos nós podemos nos inspirar em sua declaração aos quatorze anos, sobre como se livrar do medo.

Eliminamos o estresse à medida que aumentamos a resposta ao nosso verdadeiro ser, permitindo que cada momento seja uma oportunidade para o Ser 2 ser o que é, aproveitando cada momento. Na minha opinião, esse é um processo de aprendizado para a vida inteira.

Espero que a essa altura você já tenha percebido que não estou promovendo aquele tipo de pensamento positivo, que tenta convencer sua mente de que tudo é maravilhoso, mesmo não sendo. Também não quero que acredite em "se penso que sou gentil, então gentil serei; se penso que sou um vencedor, então vencedor serei". Baseado em minhas premissas, esse é o Ser 1 tentando melhorar o Ser 1. O cachorro perseguindo o próprio rabo.

Em minhas palestras mais recentes, costumo lembrar a todos e a mim mesmo que não acredito que um indivíduo possa melhorar, nem tenho a pretensão de melhorar os meus espectadores. O público fica surpreso. Mas eu não acho que o Ser 2 de um indivíduo precise ser melhorado. Ele está bem como é, desde seu nascimento até sua morte. Eu mesmo preciso constantemente me lembrar disso. Sim, nosso backhand pode melhorar, e tenho certeza de que minha caligrafia também pode melhorar, e muito; nossas habilidades, quando comparadas com as das outras pessoas, podem melhorar. Mas o importante para nosso equilíbrio interior é saber que não há nada de errado com o ser humano em sua essência.

Acredite, não faço essa afirmação sem ter ciência das profundas rupturas que o Ser 1 pode causar, mas sei por experiência própria que sempre existe uma parte de nós que permanece imune à contaminação do Ser 1. E este fato precisa ser constantemente revisado em minha mente, já que fui condicionado desde cedo a acreditar no contrário: eu era ruim e precisava aprender e praticar para ficar bom.

A parte da minha vida que passei tentando reverter essa negatividade, sendo muito bom, não foi nem prazerosa, nem recompensadora. Embora frequentemente eu conseguisse atender ou até superar as expectativas daqueles a quem tentava agradar, perdia o contato com meu próprio ser durante o processo. Minhas experiências com o Jogo Interior do Tênis me ajudaram a enxergar de maneira prática que quando deixamos o Ser 2 com seus próprios recursos, o resultado é muito bom. É necessário renovar constantemente nossa autoconfiança e manter nossa mente protegida das vozes, de dentro e de fora, que abalam nossa confiança.

O que mais podemos fazer para melhorar nossa estabilidade? A resposta do Jogo Interior é simples: foco. Concentrar a atenção no presente, o único tempo em que você pode de fato viver, é o coração deste livro e o coração de qualquer ação que você precise desempenhar bem. Focar significa não divagar sobre o passado, seja ele de erros ou de glórias; significa não ficar preso ao futuro, seja ele repleto de medos ou de sonhos. A atenção total deve estar no presente. A habilidade de focar a mente é a habilidade de não deixá-la escapar. É diferente de não pensar – é direcionar seu pensamento. O exercício de focar pode ser praticado na quadra de tênis, na cozinha, no trabalho ou no trânsito. Pode ser praticado individualmente ou em uma conversa. Ouvir outra pessoa falando sem conduzir uma conversa paralela em sua cabeça requer tanta concentração quanto observar a costura de uma bola de tênis durante um jogo. Não é fácil ignorar as preocupações, expectativas e instruções do Ser 1.

A estabilidade aumenta quando aprendo a aceitar o que não posso controlar e passo a controlar somente o que está ao meu alcance. Em uma noite fria de inverno, no meu primeiro ano depois de me formar na faculdade, tive minha primeira lição sobre o poder de aceitação da questão da vida e da morte. Eu estava sozinho, dirigindo meu carro para Exeter, New Hampshire, vindo de uma pequena cidade em Maine.

Era quase meia-noite quando a roda de meu carro derrapou em uma curva, que estava com a pista coberta de gelo. O carro girou e bateu em um banco de neve.

Fiquei sentado no carro, o frio aumentando, e a gravidade da situação me fez pensar. A temperatura externa era de cerca de vinte graus abaixo de zero. Eu vestia apenas uma jaqueta esportiva. Não era possível manter o carro aquecido enquanto estava desligado, e as chances de outro carro passar pela estrada eram pequenas. A última cidade pela qual havia passado estava a cerca de vinte minutos (de carro) dali. Não havia sítios, chácaras, telefones na estrada e nenhum outro sinal de civilização. Eu não tinha mapa e não sabia a que distância estava a próxima cidade.

Minhas alternativas eram interessantes. Se eu permanecesse no carro, congelaria. Logo, tinha de decidir se andava para a frente, em direção ao desconhecido, esperando encontrar uma cidade próxima, ou voltava por onde vim, já que tinha a certeza de que havia uma cidade a cerca de vinte e cinco quilômetros. Depois de pensar um pouco, decidi arriscar a sorte no desconhecido. Afinal, não é isso que eles fazem nos filmes? Andei em frente por não mais que dez passos e, sem pensar, dei meia-volta e comecei a andar na outra direção.

Depois de três minutos, minhas orelhas começaram a congelar, e eu tinha a sensação de que elas poderiam cair a qualquer momento. Então comecei a correr, mas o frio drenou minha energia rapidamente, e tive de voltar a andar. Andei por mais dois minutos, e o frio começou a me vencer. Corri novamente, mas logo cansei. Os intervalos de corrida eram cada vez menores, assim como os de caminhada. Logo, percebi qual seria o desfecho desses ciclos irregulares. Eu congelaria na beira da estrada, e ficaria coberto por neve. Naquele momento, o que parecia ser meramente uma situação difícil parecia se tornar minha última experiência. A consciência de uma possível morte me fez reduzir a velocidade, até parar.

Depois de alguns minutos de reflexão, comecei a falar em voz alta: "Ok, se a hora chegou, que assim seja. Estou pronto". E eu não estava brincando. Depois disso, parei de pensar e comecei a andar pela estrada novamente, só que, dessa vez, comecei a reparar na beleza daquela noite. Fiquei mergulhado no silêncio, admirando as estrelas e as imagens pouco visíveis no escuro; tudo era belíssimo. E ainda, sem pensar, comecei a correr. Para minha surpresa, dessa vez corri por cerca de quarenta minutos, e só parei quando avistei uma luz na janela de uma casa distante.

De onde veio aquela energia que me fez correr tanto sem parar? Eu não senti medo; eu simplesmente não me cansei e não senti frio. Quando conto essa história hoje, parece estranho dizer que "aceitei a morte". Eu não desisti, mas deixei de me preocupar porque fiquei concentrado em outras coisas. E por deixar de me preocupar em me manter vivo, liberei minha energia, que paradoxalmente possibilitou minha corrida em direção à vida.

"Abandonar" é uma boa palavra para descrever o que acontece com um tenista que sente que não tem nada a perder. Ele para de se preocupar com o resultado de seus golpes, e simplesmente joga. E isso nada mais é do que deixar de pensar nas preocupações do Ser 1 e dar espaço para as preocupações naturais de um ser mais profundo e verdadeiro. É prestar atenção sem se preocupar; é fazer esforço, mas sem fazer força.

O OBJETIVO DO JOGO INTERIOR

Chegamos agora ao último ponto a ser abordado. Falamos sobre ganhar um maior acesso ao Ser 2 e sobre deixarmos nossos velhos hábitos de lado, para podermos aprender e desempenhar quaisquer jogos externos de maneira eficaz. Foco, confiança, escolha e consciência livre de críticas. Todos estes itens são ferramentas importantes em direção ao nosso objetivo. Mas uma pergunta ainda não foi feita. O que significa vencer o Jogo Interior?

Há alguns anos, tentei achar a resposta para essa pergunta. Agora, prefiro não tentar, embora a considere uma questão pertinente. Os esforços para definir uma resposta eram na verdade um convite para que o Ser 1 formasse um conceito incorreto. O Ser 1, de fato, estaria progredindo significativamente se chegasse ao ponto de admitir, com humildade, que ele não sabe e nunca saberá a resposta. Assim, o indivíduo terá uma chance maior de sentir a necessidade de seu próprio ser, de seguir sua busca interior e de descobrir o que realmente o satisfaz. E o fato de que apenas o meu Ser 2 saberá esse segredo, e que ninguém vai me fazer elogios por isso, é algo que aprecio aliviado.

DAQUI PARA A FRENTE

Algumas vezes me perguntam qual a minha visão sobre o futuro do Jogo Interior. Esse jogo acontece desde muito antes de meu nascimento e vai continuar acontecendo mesmo depois de minha morte. Não sou eu que vai visualizar o que vem pela frente; ele tem sua própria visão. Sinto sorte por ter tido a chance de testemunhar e aproveitar a sua existência.

Com relação à utilização de letras iniciais maiúsculas para fazer referência ao Jogo Interior foi porque acredito que o desenvolvimento e as aplicações dos métodos e princípios utilizados nos livros desta série serão cada vez mais utilizados no decorrer deste século. Defendo a teoria de que nos últimos séculos, a humanidade estava tão ocupada em superar desafios exteriores que as necessidades essenciais de concentração nos desafios interiores foram negligenciadas.

No esporte, acho importante que professores e instrutores desenvolvam a competência para ensinar os dois domínios para seus alunos, guiando o desenvolvimento das habilidades exteriores e interiores. Fazendo isso, eles não só valorizarão sua profissão, mas também ajudarão na formação de seus alunos como indivíduos.

Acredito que a área dos negócios, da saúde, da educação e das relações humanas irá evoluir e ganhar melhor compreensão do desenvolvimento humano e das habilidades interiores necessárias para este processo. Seremos aprendizes melhores e pensadores mais independentes. Em resumo, creio que estamos apenas no princípio de um profundo e necessário reequilíbrio entre o exterior e o interior. Não se trata de propaganda. É um processo de descobrimento, que contribui naturalmente para o mundo exterior, enquanto aprendemos a melhorar a nós mesmos.

Este livro foi impresso pela Rettec
em fonte Baskerville sobre papel Pólen Bold 90 g/m²
para a Edipro no inverno de 2022.